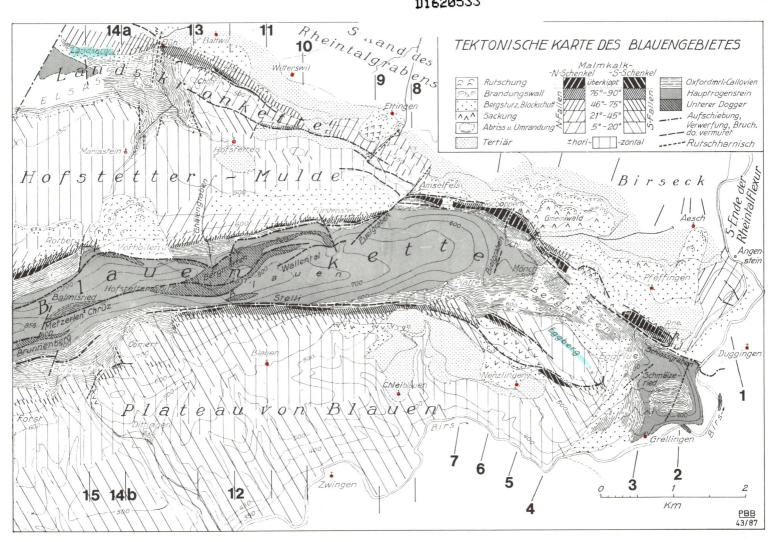

B

Veröffentlichungen aus dem Naturhistorischen Museum Basel Nr. 19, 1987

Peter Bitterli-Brunner

Geologischer Führer der Region Basel

mit 24 Exkursionen
149 Abbildungen
Exkursionsrouten-Karte

1987
Birkhäuser Verlag
Basel · Boston

Sämtliche Farbfotos und Zeichnungen (sofern kein Autor aufgeführt ist) stammen vom Verfasser.

CIP-Kurztitelaufnahme der deutschen Bibliothek

Bitterli-Brunner, Peter
Geologischer Führer der Region Basel/Peter Bitterli-Brunner. – Basel; Boston: Birkhäuser, 1987.
(Veröffentlichungen aus dem Naturhistorischen Museum Basel)
ISBN 3-7643-1906-2

Die vorliegende Publikation ist urheberrechtlich geschützt. Alle Rechte vorbehalten. Kein Teil dieses Buches darf ohne schriftliche Genehmigung des Verlages in irgendeiner Form durch Fotokopie, Mikrofilm oder andere Verfahren reproduziert oder in eine für Maschinen, insbesondere Datenverarbeitungsanlagen, verwendbare Sprache übertragen werden. Auch die Rechte der Wiedergabe durch Vortrag, Funk und Fernsehen sind vorbehalten.

© 1987 Birkhäuser Verlag, Basel
Gesamtproduktion: Werner Druck AG, Basel
Buch- und Umschlaggestaltung: Justin Messmer

ISBN 3-7643-1906-2

Die Herausgabe des Geologischen Führers der Region Basel wurde durch grosszügige Beiträge der folgenden Stiftungen bzw. Institutionen und Firmen ermöglicht:

A. Aegerter & Dr. O. Bosshardt AG, Ingenieurbureau, Basel
BBG Basler Baugesellschaft AG, Basel
Bertschmann AG, Bauunternehmung, Basel
Freiwillige Akademische Gesellschaft, Basel;
Gnehm + Schäfer AG, Ingenieurbüro, Basel
Gruner AG, Ingenieurunternehmung, Basel
Jubiläumsstiftung Basellandschaftliche Kantonalbank, Liestal;
Lotteriefonds des Kantons Basel-Landschaft, Justiz-, Polizei- und Militärdirektion Basel-Landschaft;
Lotteriefonds des Kantons Basel-Stadt, Polizei- und Militärdepartement
Naturhistorisches Museum, Basel;
Shell (Switzerland), Zürich;
Stiftung Emilia Guggenheim-Schnurr der Naturforschenden Gesellschaft in Basel.
Suter + Suter AG, Basel
Vereinigte Schweizerische Rheinsalinen AG, Schweizerhalle
W. & J. Rapp AG, Ingenieurbüro und Bauunternehmung, Basel

Inhaltsverzeichnis

Zum Geleit 9
Vorwort 11

1. Teil
Allgemeine und regionale Geologie 15

Geologische Einführung 17

    Grundbegriffe 17
    Stratigraphische Begriffe 18
    Sedimentologische Begriffe 20
    Tektonische Begriffe 22

Geologische Übersicht über die Basler Region 23

    Stratigraphie und Paläogeographie 23
        Permokarbon 23
        Trias 23
        Jura 28
        Kreide 31
        Tertiär 31
        Quartär 35
    Tektonik 39
        Nördliche Region 39
        Südliche Region 41

Angewandte Geologie 43

    Bausteine der Basler Region 43
        Karbon 43
        Trias 44
        Jura 45
        Tertiär 45
        Quartär 49
    Nutzbare Gesteine der Basler Gegend 51
    Gold im Basler Rhein 53
    Die Salzproduktion von Schweizerhalle – Zinggibrunn 54
    Die Wasserversorgung der Stadt Basel 57
    Das geologische Denkmal der Rheintal-Flexur beim
    Schänzli, Muttenz 62
        Die Bedeutung des Denkmals 62
        Zur Entstehung des Hauptrogensteins 64

2. Teil
Exkursionen 67

    Itinerar 69
    Einführungsbemerkungen 70

Standardlegende	72
Regional-Exkursionen	75
1 Basel–Laufen–Basel (Faltenjura und Rheintal-Flexur)	77
2 Allschwil–Bruederholz–Schänzli–Burg Rötteln (Rheingraben und Flexur)	83
3 Muttenz–Gempen–Seewen–Dornachbrugg (Tafeljura)	91
Rheingraben	99
4 Ziegelei Allschwil–Schönenbuch–Allschwil	99
Faltenjura-Nordrand	105
5 Leymen–Mariastein–Hofstetten–Flüh	105
6 Witterswil–Witterswiler Berg–Grundmatt–Ettingen	111
7 Aesch–Pfeffingen–Tschäpperli–Aesch	119
Faltenjura	125
8 Dittinger Bergmattenhof–Brunnenberg–Chall–Bergmattenhof	125
9 Hofstetten–Esselgraben–Blauen–Chälengraben	129
10 Bergheim Blauen Reben–Blauen–Amselfels–Bergheim	135
11 Grellingen–Eggflue–Chessiloch–Grellingen	139
12 Tongruben Liesberg	145
Rheintal-Flexur und westlicher Tafeljura	153
13 Aesch–Falkenflue–Hochwald–Aesch	153
14 Oberdornach–Dorneck–Affolter–Oberdornach	159
15 Arlesheim–Schönmatt–Richenstein–Arlesheim	163
16 Aesch–Dornachberg–Ramstel–Gempen–Münchenstein	167
17 Hofmatt–Münchenstein–Gruet–Neuewelt–Schänzli	173
Tafeljura	179
18 Muttenz–Wartenberg–Zinggibrunn–Muttenz	179
19 Pratteln–Egglisgraben–Adlerhof–Pratteln	183
20 Schauenburg Bad–Christen–Schauenburgflue–Ättenberg–Schauenburg Bad	187
21 Orismühle–Nuglar–Abtsholz–Talacher–Nuglar	191
22 Büren–Bürenflue–Bürer Horn–Büren	195
23 Lupsingen–Remischberg–Schneematt–Chleckenberg–Lupsingen	199
24 Lausen–Hupper-Grube–Tenniker Flue–Schönegg–Tenniken	203
Anhang	213
Literaturhinweise	215
Register	217
Glossar (Erläuterungen geologischer Begriffe)	222
Verzeichnis der Abbildungen	230
Stratigraphische Tabelle	232

*Wer an den Dingen seiner Stadt keinen Anteil nimmt,
ist nicht ein stiller Bürger,
sondern ein schlechter.*   Perikles um 430 v. Chr.

Zum Geleit

Die Evolution der Erde und im besonderen ihrer Biosphäre lässt sich nur aus geologisch-paläontologischen Beobachtungen rekonstruieren. Die Basler Region bietet in dieses Geschehen vielfältige Einblicke, stehen doch Schichten aus fast allen geologischen Zeiten an. Zur Heimat- und Naturkunde gehört zweifellos auch die Vermittlung solcher Erkenntnisse.

Die Beschäftigung mit der Erdgeschichte und noch mehr die Begehung geologisch-paläontologischer Aufschlüsse übt eine unerwartete Faszination aus, wenn man bedenkt, dass die Fossilien des Juras meist mehr als 100 Millionen Jahre alt sind oder das Geschiebe des Rheins zum Teil aus den Hegauer Vulkanen oder gar aus dem Wallis stammt, indem der Rhonegletscher seine Moränen über die kontinentale Wasserscheide hinaus bis ins Rheintal bei Möhlin vorgeschoben hat.

Um die Aufschlüsse im Gelände zu finden und um geologisch-geographische Zusammenhänge zu erfahren, bedarf es der Anleitung, wie sie der vorliegende Geologische Führer der Region Basel bietet. Der Autor, Dr. P. Bitterli-Brunner, hat es als hervorragender Kenner unserer Region verstanden, ein reich bebildertes und sehr ansprechendes Werk zu schaffen, das gleichermassen als Einführung in die geologischen Verhältnisse und als Exkursionsführer ausgezeichnete Dienste leistet. Dafür gebührt dem Autor bester Dank und hohe Anerkennung.

Ich wünsche diesem Buch weite Verbreitung und seinen Benützern bei den Entdeckungsreisen in Basels Umgebung viel Freude und Begeisterung.

H.R. Striebel
Vorsteher des Erziehungsdepartementes
des Kantons Basel-Stadt

Vorwort

Die Geologie eines überbauten, dicht besiedelten oder intensiv kultivierten Gebietes zu ermitteln, stellt an den kartierenden Geologen besondere Anforderungen. Oft bilden gelegentliche Baugruben, zeitlich beschränkt sichtbare Weganschnitte und andere temporäre ‹Aufschlüsse›[1] die einzigen direkten Beobachtungspunkte. Auch die früher zahlreichen Steinbrüche, ‹Grien›- und Mergelgruben sind heute seltener. Für eine solche schlecht aufgeschlossene Gegend ist deshalb ein geologischer Führer – zusätzlich zu den üblichen Skizzen und Profilen – vermehrt auf ein reiches Bildmaterial angewiesen, um die relevanten Gesteinsvorkommen in ihrer typischen Ausbildung anhand von Gelegenheitsaufschlüssen darzustellen, auch wenn sich ihr Zustand im Laufe der Zeit verändern bzw. verschlechtern sollte. Diese Abbildungen haben somit nicht nur einen anschaulich-erläuternden, sondern auch einen dokumentarischen Wert.

Die von P. VOSSELER 1938 verfasste Schrift «Einführung in die Geologie der Umgebung von Basel» ist nach der 2. Auflage (1947) seit mehreren Jahren vergriffen. Das von L. HAUBER 1977 herausgebrachte Büchlein «Wenn Steine reden – Geologie von Basel und Umgebung» ist zurzeit noch erhältlich und kann als Einführung empfohlen werden; ebenso der stratigraphische Führer von C. DISLER (1941).

Einen Einblick in die Geologie im allgemeinen, in die massgebenden Prozesse und die hieraus entstehenden Gesteine vermittelt in eindrücklicher Weise die Ausstellung «Die Erde» im Naturhistorischen Museum Basel, ergänzt durch den dazugehörenden Erläuterungstext «Vom Hochgebirge zum Tiefseegraben» und durch die Museumsschrift «Versteinerungen der weiteren Umgebung von Basel» von R. GYGI 1982. Ferner bietet das Basellandschaftliche Kantonsmuseum im alten Zeughaus in Liestal einen illustrativen Querschnitt durch «Das steinerne Buch der Erdgeschichte», wobei vor allem die Entstehung und das Vorkommen des Hauptrogensteins (Dogger-Formation) der Umgebung berücksichtigt ist. Um aber direkter und tiefschürfender die beschriebenen geologischen Verhältnisse mit der Natur, mit den als Aufschlüsse bezeichneten Gesteinsvorkommen und den angrenzenden Gegenden vergleichen zu können, fehlte noch bis vor kurzem für das Gebiet um Basel die wünschenswerte, ja unumgängliche Grundlage: eine gute geologische Karte.

Dass die Mühlen der Geologie, die sich vorwiegend mit dem Studium der Erdgeschichte der letzten paar hundert Millionen Jahre befasst, eher langsam mahlen, dürfte wohl jedem Interes-

---

[1] Aufschluss: im Glossar erklärter Ausdruck.

sierten bekannt sein. Viel Zeit erfordert das Untersuchen, Registrieren und Interpretieren der an der Erdoberfläche zutage tretenden Aufschlüsse. Das Aufnehmen einer geologischen Karte, d.h. das Kartieren, verlangt vom Feldgeologen ein sorgfältiges Beobachten und Abschreiten des gesamten Gebietes, ein zeitraubendes Aufbauen von Stein auf Stein bis zum vollendeten Gebäude, eine Arbeit, die sich je nach Umständen meistens über viele Jahre ausdehnt. Hierbei ist eine abgewogene Kombination zwischen exakter, wissenschaftlicher Beobachtung der Aufschlussverhältnisse und verantwortlicher Deutung, Vereinfachung und Extrapolation für die kartographische Darstellung ständig erforderlich. Weiterhin zeitraubend ist das Erstellen eines druckfertigen Kartenoriginals, das dann zur Unterscheidung der meist zahlreichen geologischen Formationen mittels eines aufwendigen, kostspieligen Vielfarbendrucks als Karte publiziert wird.

So ist es nicht verwunderlich, wenn seit der ersten, noch handkolorierten «Geognostischen Karte des Kantons Basel und einiger angrenzenden Gegenden, 1:150000, 1819–1820» von P. MERIAN, nur in sehr grossen Zeitabständen jeweils neue und detaillierte geologische Karten gedruckt wurden. Eine Gesamtübersicht der geologischen Karten von Basel und Umgebung vor 1970 ist im Kartenverzeichnis der Erläuterungen zum geologischen Atlasblatt Basel (1970/71) aufgeführt. Um 1862 erschien von A. MÜLLER die «Karte vom Canton Basel», 1:50000, auf der Grundlage einer Schraffenkarte. Doch erst Anfang des 20. Jahrhunderts wurden auf der topographischen Basis der Siegfried-Karte geologische Aufnahmen publiziert. Es sind dies die geologischen Karten 1:25000 des Blauenberges von E. GREPPIN 1904–1905; ferner des Gempenplateaus und unteren Birstales, und des S.-W. Hügellandes mit Birsigtal, 1909–1914; beide von A. GUTZWILLER und E. GREPPIN. Diese drei Karten umfassen das Gebiet der heutigen Landeskarte 1:25000, Blatt Arlesheim (Nr. 1067).

Eine neuere Teilaufnahme bildet die von P. HERZOG 1956 in seiner Dissertation publizierte «Geologische Karte des Tafeljura südöstlich von Basel». Im Südwesten, anstossend an das Blatt Arlesheim, erschien 1965 das Blatt Nr. 1066, Rodersdorf, von H. FISCHER, und nördlich anschliessend 1970 das Blatt Nr. 1047, Basel, von O. WITTMANN, L. HAUBER, H. FISCHER, A. RIESER und P. STAEHELIN; diese beiden letzten Karten gehören zum Geologischen Atlas der Schweiz, Massstab 1:25000, herausgegeben von der Schweizerischen Geologischen Kommission (heute: BUS, Landeshydrologie & -geologie). Erst 1984 ist das Blatt 1067, Arlesheim, ebenfalls auf der Basis der topographischen Landeskarte erschienen, geologisch aufgenommen von P. BITTERLI-BRUNNER, H. FISCHER und P. HERZOG. Damit liegt heute für die Basler Umgebung eine beachtenswerte Zahl von geologischen Kartenunterlagen vor, wodurch nicht nur die Beschreibung der Exkursionen bedeutend vereinfacht wird – und auf viele Angaben in den diesbezüglichen Texten verzichtet werden kann –, sondern auch das Verständnis für die geologischen Einzelbeobachtungen und deren Zusammenhang mit der Umgebung wesentlich erleichtert wird. Auch aus diesem Grunde konzentrieren sich die Exkursionen auf diese Gebiete.

Der Autor ist den Herren Dr. L. Hauber, Kantonsgeologe von Basel-Stadt, und Dr. H. Fischer, Leiter des Büros der Schweizerischen Landesgeologie, für manch wertvolle Hinweise beim Aufbau und nach der Abfassung des Manuskriptes dankbar, dann aber vor allem Herrn Dr. U. Pfirter für das sorgfältige Durchlesen des Textes, für manche Ergänzung und für seine kritischen Bemerkungen. Herrn Prof. Dr. H.P. Laubscher, Vorsteher des Geologischen Instituts der Universität Basel, bin ich ebenfalls für die Überprüfung von Text und Bildmaterial zu grossem Dank verpflichtet. Die Herausgabe des Geologischen Führers in der vorliegenden, reich illustrierten Form wäre aber nicht möglich gewesen ohne die wertvolle Unterstützung und Förderung durch Herrn Dr. P. Jung, Leiter der Geologischen Abteilung des Naturhistorischen Museums Basel, was hiermit gebührend verdankt sei.

1. Teil

Allgemeine und regionale Geologie

Geologische Einführung

Wenn als Einleitung zu dem vorliegenden Exkursionsführer auf knappem Raum versucht werden soll, eine kurze Einführung in die Geologie, in einige wichtige geologische Begriffe zu geben, so wird sich jeder Leser bewusst sein, dass dies nur in einem recht bescheidenen Umfang und nicht sehr tiefschürfend möglich ist. Denn was ein intensives Geologiestudium während mehrerer Jahre bei vollem Einsatz zu erreichen vermag, kann sicher nicht durch das Lesen von ein paar Seiten Text erworben werden. Und trotzdem erscheint es vertretbar, wenigstens den Versuch zu wagen, mittels der wichtigsten Grundbegriffe der geologischen Fachsprache auch dem Nichtfachmann das Lesen und das Verstehen der Exkursionserläuterungen zu erleichtern und einigermassen verständlich zu machen.

1*   Dass wir uns dabei auf die Umgebung von Basel beschränken, liegt auf der Hand; d.h. geologische Erscheinungen, Gesteinsformationen, Gebirgsbildungen usw., die es um Basel nicht gibt, werden unerwähnt bleiben. Für die nachfolgende Einführung wird die Benützung der als Anhang mitgegebenen Erklärungen der geologischen Fachausdrücke (Glossar) empfohlen.

---

*1 = Nummer der Abbildung

Grundbegriffe

Da sich die Geologie vorwiegend mit dem Aufbau der Lithosphäre (Gesteinsrinde), d.h. der Erdkruste (die äussersten 20–60 km des Erdballs), befasst, erkundigt sie sich nach dem Gesteinsmaterial und nach dessen Geschichte, d.h. nach der Entstehung, Zusammensetzung, Verformung, Verwitterung, erneuter Ablagerung und Diagenese. Eine erste Gruppe von Gesteinen sind die *kristallinen Gesteine;* sie entstehen entweder durch Erstarrung von flüssigem Magma (Glutfluss) in der Tiefe (Granit, Diorit usw.), in Gesteinsgängen (Porphyr) oder an der Erdoberfläche (Basalt, Lava usw.). Eine zweite Gesteinsgruppe umfasst die vorwiegend im Meer, in Seen und Flüssen oder durch Wind und Eis auf dem Land abgelagerten *Sedimentgesteine*. Eine dritte Gruppe bilden die durch Metamorphose umgewandelten Erstarrungs- oder Sedimentgesteine, die *Metamorphite* (z.B. Gneis). Diese Gesteine und ihre Zusammensetzung sind vornehmlich das Studienobjekt der *Petrographie*.

Durch die Metamorphose, aber auch durch Verwitterung und Diagenese ist eine ständige Umwandlung und Neubildung der Gesteine im Gange; damit können wir auf den ewigen Kreislauf auch in der Geologie hinweisen: auf Werden, Sein und Vergehen der Gesteine, wobei jeweils physikalische, chemische und Lebensprozesse beteiligt sind. Durch Aufsuchen und Studium heutiger Bildungsräume und der Materie wird auf die vor sich gegangene Gesteinsentstehung geschlossen. Dabei wird angenommen, dass früher und heute gleiche Prozesse unter gleichen (primären) Bedingungen ablaufen und so jeweils das gleiche Gestein entsteht (= Aktualitätsprinzip). Allerdings kann sich das Gestein durch spätere, sekundäre Veränderungen, z.B. durch Zementation, Kristallisation oder chemische Prozesse, nochmals in ein anderes Gestein umwandeln (z.B. Kalk in Dolomit).

Stratigraphische Begriffe

Es lässt sich an einem Aufschluss oder Handstück nicht ohne weiteres entscheiden, ob ein Kalkstein hundert Millionen Jahre alt ist oder nur fünf. Hierzu benötigen wir entweder Fossilien – vorwiegend die Studienobjekte des *Palaeontologen* –, um Älteres von Jüngerem zu unterscheiden (relative Altersbestimmung) oder Gleichaltriges mittels Leitfossilien miteinander zu parallelisieren, oder dann eine Bestimmung der Isotopenverhältnisse an dazu geeigneten Gesteinen oder Mineralien, um das absolute Alter zu ermitteln (Blei/Blei-Methode, Kalium/Argon-Methode).

Grundlegende Erkenntnisse in der *Stratigraphie* gehen schon auf frühe Beobachtungen und Untersuchungen zurück. So erwähnt bereits Aristoteles fossile Meerestiere. Etwa 18 Jahrhunderte später findet und beschreibt Leonardo da Vinci in Gebirgen Italiens versteinerte Fische. Aber erst seit etwa 200 Jahren werden auf der ganzen Erde Gesteinsformationen systematisch untersucht und beschrieben, ihre Mineralien oder ihr Fossilinhalt bestimmt. Dabei ist man von besonders gut aufgeschlossenen Gesteinen ausgegangen (was nicht nur ‹Fels›, sondern auch weichere Schichten, wie Ton usw. sein kann), d.h. ohne

Abb. 1.
Blick vom Gempen–Hochwald-Plateau (Eichenberg) nach Westen auf Pfeffingen und das Malmkalk-Halbgewölbe der Eggflue (links) und auf die Blauen-Antiklinale (Dogger-Kern) im Hintergrund rechts; im Vordergrund Rauracien-Korallenkalkköpfe der abtauchenden Rheintal-Flexur. Exk. 3, 13, 14. (5.4.87)[3].

Verwitterungsschutt und Lehmbedeckung. Solche Gebiete befinden sich in Gebirgen, entlang von Wasserläufen und an Steilküsten. Aber auch Beobachtungen im Bergbau und bei Bohrungen vermitteln solche Angaben. So ist man zur Aufzeichnung und Zusammenstellung von Schichtprofilen der übereinanderliegenden Gesteinslagen gekommen, wobei jeweils typische Gesteinspakete als *Formationen* ausgeschieden und mit lokalen Formationsnamen belegt wurden. Die so erfassten Gesteinsfolgen wurden mit denen anderer Gebiete verglichen und in ein Zeitschema[2] eingeordnet, das heute weltweit für die Einteilung der letzten 500 Jahrmillionen Verwendung findet.

Eine bestimmte Gesteinsabfolge (stratigraphisches Profil), ihr Habitus, ist in der Regel nur in einem beschränkten Gebiet genau gleich ausgebildet, denn das Meeres-Ablagerungsmilieu, die Materialzufuhr usw. waren während der gleichen Zeitspanne von Ort zu Ort verschieden. So haben sich z.B. im Mittleren Oxfordien in gewissen Gegenden des Jura im untiefen warmen Meer mächtige Riffkorallenstöcke aufgebaut (raurachische Fazies), während sich gleichzeitig im Osten in tieferen Becken Mergel ansammelten (argovische Fazies). Rauracien und Argovien sind sog. *Fazies-Begriffe* für lithologisch verschieden ausge-

---

[2] Siehe Stratigraphische Tabelle im Anhang S. 232.
[3] Datum der fotografischen Aufnahme.

Stratigraphische Begriffe 19

bildete Formationen von etwa gleichem Alter. Dieser Fazieswechsel vollzieht sich im Jura von NW nach SE, u.a. vom Laufental zum Tafeljura.

Nicht nur die lithologische Ausbildung, sondern auch die Mächtigkeiten der gleichzeitig abgelagerten Schichten weisen von Ort zu Ort oft grosse Schwankungen auf. So sind die Oxford-Mergel im Gebiet von Duggingen und Büren noch gut 100 m mächtig; sie messen aber nur 2 km weiter östlich bei Lupsingen weniger als 30 m; weiter ostwärts keilen sie aus. Andererseits ist bekannt, dass sich Formationen über sehr grosse Strecken sehr konstant zeigen, sowohl was ihre Mächtigkeit als auch ihre Fazies anbetrifft, wie dies z.B. für die Posidonienschiefer des oberen Lias (Toarcien) zutrifft.

Während sich Tiefseesedimente nur äusserst langsam zu nennenswerten Mächtigkeiten ansammeln, zeigen z.B. Korallenriffe oder Deltasedimente an der Mündung eines Stromes ins Meer sehr grosse Wachstumszunahme (Akkumulation) in relativ kurzer Zeit. Somit kann anhand der Mächtigkeit einer bestimmten Formation allein kein Rückschluss auf deren Bildungszeit gezogen werden.

2 Sedimentologische Begriffe

Ausgangsmaterial und Entstehungsbedingungen bestimmen die Ausbildung bzw. Art der *Sedimente*.

Der Grossteil dieser Absatzgesteine entsteht durch die verschiedenen Prozesse der Gesteinsverwitterung; sie werden deshalb als *Trümmergesteine* (klastische Sedimente) bezeichnet, die nach der Korngrösse der Komponenten eingeteilt werden in Psephite, Psammite und Pelite (s. Tab. 1). Die auf dem Lande gebildeten Ablagerungen bezeichnet man terrestrisch. Die durch Gletscher abgelagerten Sedimente (z.B. Moränen) nennt man glaziale Trümmergesteine. Erratiker sind hierbei ursprünglich auf dem Eis transportierte isolierte Blöcke.

Die im Wasser (fluviatil, limnisch oder marin) abgelagerten Verwitterungsprodukte wie Kies, Sand und Schlamm werden

Einteilung		Name	Kornfraktion	⌀ mm
Psephite	Rudite	Blöcke		200
		Steine		63
		Kies	Grob-	20
			Mittel-	6,3
			Fein-	2,0
Psammite	Arenite	Sand	Grob-	0,6
			Mittel-	0,2
			Fein-	0,06
Pelite	Lutite	Silt (Schluff)	Grob-	0,02
			Mittel-	0,006
			Fein-	0,002
		Ton (Schweb)		

Tabelle 1.
Korngrössen-Tabelle der klastischen Sedimente (Grenzwerte, Grenzziehung und Begriffe je nach Quelle etwas verschieden).

später durch die Diagenese zu Konglomerat (Nagelfluh), Sandstein, Arkose, Mergel oder Tonstein verfestigt. Nagelfluh gibt es bei uns z.B. in der Hochterrasse und im Deckenschotter.

Eine weitere Gruppe wird als *chemische Sedimentgesteine* bezeichnet, weil sie aus Lösungen durch Übersättigung oder durch chemische Reaktionen ausgefällt werden, wie Kalke (Sinterkalk, Tuff) und Dolomite, Gips, Anhydrit und Salze. Ein Grossteil der bei uns im Jura vorkommenden Gesteine gehört zu dieser Gruppe oder sind Mischungen mit Trümmergesteinen.

Eine nächste Gruppe wird aus Organismen aufgebaut, wie z.B. Foraminiferenkalk, riffbildende Korallenkalke, Algenkalke, Echinodermenbrekzien usw. Diese gehören zu den *organogenen-biogenen Sedimentgesteinen*, wie u.a. auch Torf, Kohle und Ölschiefer. Eine nähere Charakterisierung der meisten Sedimente kann oft noch mittels ihres Fossilinhaltes vorgenommen werden (Tiefsee oder Flachmeer [Schelf], lakustrisch usw.).

Eine Gruppe für sich bilden die durch den Wind transportierten Sedimente (*äolische* Trümmergesteine), wie z.B. der Löss, der auf den Hügeln der Umgebung von Basel weit verbreitet ist. Die meisten Sedimente weisen eine charakteristische *Schichtung* auf. Die in ruhigem Wasser abgesetzten Gesteine zeigen gemäss der Natur ihrer Entstehung eine mehr oder weniger ausgeprägte Parallelschichtung, die als Folge eines Wechsels im akkumulierten Material besonders deutlich wird. Sehr feinkörnige Sedimente, in stillem Milieu sehr langsam abgelagert, ergeben eine ausgesprochene Feinschichtung. Sehr rasch aus einem Trübstrom (turbidity current) abgesetzte Sedimente weisen meistens eine gradierte Schichtung (graded bedding) auf, bei der die Korn-

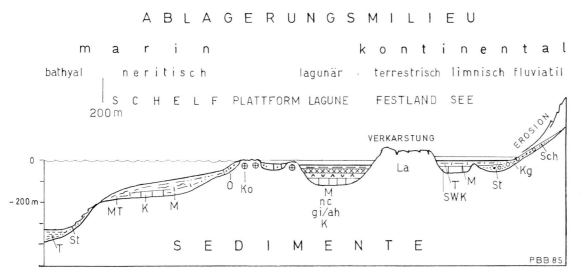

Abb. 2. Schematische Darstellung der Ablagerungsmilieus und deren Sedimente.

T   Ton
St   Sandstein
MT   Mergelton
K   Kalkstein
M   Mergel
O   Oolith
Ko   Korallenkalk
SWK   Süsswasserkalk
Kg   Konglomerat
Sch   Schotter
nc   Steinsalz
gi   Gips
ah   Anhydrit
La   Laterit, Residualbildungen

grösse von unten nach oben graduell abnimmt. Durch wechselnd stark bewegtes Wasser, verursacht durch Meeresströmungen, Flüsse – aber auch durch den Wind bedingt –, entsteht eine regellose Diagonal- oder Schrägschichtung (Kreuzschichtung, Deltaschichtung), wie dies z.B. im Oberen Hauptrogenstein zu beobachten ist. Ungeschichtet wachsen Korallenstöcke zu Riffen, die ein Bioherm (Stock) oder ein flächenhaftes, unregelmässiges Biostrom bilden können (Rauracien-Korallenkalk).

Wenn durch tektonische Vorgänge schiefgestellte und teilweise erodierte Gesteinslagen nach einem Sedimentationsunterbruch (Hiatus) erneut vom Meer überflutet (Transgression) und von Sedimenten überdeckt werden, so ist die Auflagerungsfläche eine Diskordanz (ohne Verstellung = Erosionsdiskordanz).

Härteskala für Minerale		
1	Talk	Mit dem
2	Gips, Steinsalz	Fingernagel ritzbar
3	Kalkspat (Kalzit)	Mit dem
4	Flussspat (Fluorit), Dolomit	Messer ritzbar
5	Apatit	(Fensterglashärte)
6	Feldspat (Orthoklas)	Messerritzen ergibt Stahlstrich
7	Quarz (Bergkristall)	
8	Topas	
9	Korund	Ritzt Fensterglas
10	Diamant	

Tektonische Begriffe

Über die *Tektonik* (Gebirgsbildung) sei kurz folgendes erwähnt: Durch Verschiebung von Teilen der Erdkruste (Kontinentalverschiebung, Plattentektonik) entstehen in Brandungszonen Gebirge (Orogene, Orogenese). Durch Zusammenschub wird die Sedimenthaut in Falten gelegt (Antiklinalen, Synklinalen), wie dies in unserem Kettenjura zu beobachten ist. Unter bestimmten Voraussetzungen kommt es zu bescheidenen Überschiebungen wie im aufgeschobenen Jura (z.B. südlich Seewen) oder aber zu gewaltigem Übereinanderstapeln von verschiedenen, mächtigen Gesteinspaketen (Decken) in den Alpen. Diese Gebirgsbildungsphase fällt zur Hauptsache ins Tertiär und gehört zur alpidischen Orogenese. Seit dem Präkambrium haben mehrere z.T. weitverbreitete Gebirgsbildungen stattgefunden, die aber grösstenteils durch Erosion wieder abgetragen worden sind.

Durch weitflächige Hebungen (Epirogenese) können Teilstücke der Erdkruste zu Hochzonen emporgehoben werden (mit zurückweichendem Meer = Regression). Das Gegenteil führt zu Senkungen, wobei es zu Meeresüberflutungen (Transgression) kommen kann. Der ‹Meeressand› (Rupélien) ist eine transgressive Ablagerung am Rande des Rheingrabens, hängt aber vorwiegend mit dessen Einsinken zusammen.

Durch horizontale bzw. vertikale Bewegungen in der Erdkruste längs Bruchlinien entstehen Transversalverschiebungen bzw. Verwerfungen oder Flexuren. Durch Zerrung wird ein Krustenstück in eine Horst/Graben-Landschaft verformt.

Je nach dem Kräftespiel werden unterschiedliche Gebirgstypen erschaffen, die einen eigenen Gebirgsbau aufweisen.

Geologische Übersicht über die Basler Region

Stratigraphie und Paläogeographie

Permokarbon

Wenn wir in einem kurzen, historischen Überblick die Sedimentarten, die Gesteinsformationen und deren Bildung in der Basler Region zusammenfassen, so können wir mit dem ausgehenden Paläozoikum beginnen. Die unter dem mesozoischen ‹Deckgebirge› liegenden Sedimente, metamorphen und kristallinen Gesteine werden der Einfachheit halber in unserer Gegend zum ‹Grundgebirge› gerechnet. Nach der vor etwa 300 Mio. Jahren vor sich gegangenen variscischen Gebirgsbildung (z.B. Schwarzwald, Vogesen) erfolgte deren Verwitterung und Abtragung während etwa 50 Mio. Jahren in einer vorwiegend warmen Periode, wobei vor allem fluvio-terrestrische und limnische Sedimente entstanden (mit Kohle im Oberkarbon, rote Tone und Mergel im Rotliegenden, ferner Arkosen, Sandsteine und Konglomerate im späteren Perm). In dieser Zeit der weitverbreiteten Verlandung begann die Entwicklung neuer Tiere, u.a. der Saurier, die während der Trias und des Jura auch bei uns lebten und deren letzte Vertreter dann erst am Ende der Kreidezeit nach mehr als 100 Mio. Jahren ausstarben.

Spektakuläre Schutt-, Schotter- und Schlamm-Massen, das Abtragungsprodukt der variscischen Gebirge, füllten während des Permokarbon tiefe Gräben und Becken. Ein solcher mächtiger, etwa W–E streichender über 3000 m tiefer Graben wurde kürzlich unter dem Mesozoikum durch Tiefbohrungen und Seismik im Aargau nachgewiesen; er könnte sich westwärts im Untergrund bis in die Gegend südlich von Basel ausdehnen.

Trias

In der untersten Abteilung dieses dreiteiligen Systems, dem *Buntsandstein,* herrschten ähnliche Verhältnisse wie im Perm vor, gekennzeichnet durch ein heisses, trockenes Klima. In dieser Zeit wurden vorwiegend Sandsteine und rote Mergel (Röt) abgelagert. Erst mit dem *Muschelkalk* findet eine Transgression, eine Überflutung des Landes durch das Meer, statt, das, wenn auch verschieden tief – von lagunär bis neritisch (bis 200 m Wassertiefe), aber nie bathyal oder sogar als Tiefsee – die ganze Umgebung mit einigen Unterbrüchen während etwa 70 Mio. Jahren bis ans Ende der Jurazeit bedeckt hielt. Während dieser Zeit ist in unserer Region im Durchschnitt bis rund 1000 m verfestigtes Gestein abgelagert worden.

Der Muschelkalk besteht aus einer Wechselfolge von Kalken, Dolomiten und Mergeln mit der Anhydrit bzw. Gips und lokal mehr als 50 m mächtig Steinsalz führenden sogenannten Anhydrit-Gruppe im mittleren Abschnitt (Salzausbeutung in

Geologische Übersicht über die Basler Region

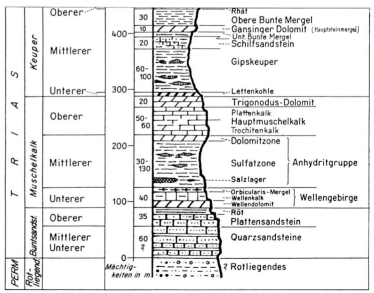

Abb. 3.
Tongrube Keller AG., Frick. Knochenfund von Plateosaurus, eines ca. 6 m grossen Dinosaurier, teilweise noch eingebettet im Oberen Bunten Keupermergel (Obere Trias), ca. 200 Mio. Jahre alt. Da die ursprüngliche Knochensubstanz praktisch zerstört ist, sind sorgfältige Freilegungsarbeiten und eine aufwendige Präparation und Konservierung notwendig. (14.10.77).

Abb. 4.
Plateosaurier Fuss, Gipsabguss des 1977 gefundenen Originals, Bunte Keuper Mergel, Trias, ca. 200 Mio. Jahre; Tongrube A. Keller, Frick. (13.10.86).

Abb. 5.
Stratigraphische Kolonne der Trias der Basler Region.

Stratigraphie und Paläogeographie

Abb. 6.
Baugrube in Inzlingen (D). Oberer Buntsandstein (Röt), Untere Trias. Die Sandsteinlagen sind als Baustein etc. verwendet worden (zahlreiche aufgelassene Steinbrüche). (13.6.77).

Abb. 7.
Riehen, Maienbüel, Oberer Rand des alten Buntsandstein-Steinbruches. Unteres Wellengebirge, Unterer Muschelkalk, Trias. (7.9.86).

Geologische Übersicht über die Basler Region

8

9

10

Stratigraphie und Paläogeographie

Abb. 8.
Riehen, Mittelberg, Waldhütte. Hauptmuschelkalk (Plattenkalk), Trias; graue, plattige, flachliegende Kalke, z.T. dolomitisch, des Dinkelberges östlich der Rheintal-Flexur. (7.9.86).

Abb. 9.
Grenzacher Hörnli. Trigonodus-Dolomit, Hauptmuschelkalk der abtauchenden Rheintal-Flexur. (30.3.87).

Abb. 10.
Gipsgrube Bänkerjoch SE Wölflinswil AG. Gipskeuper (Obere Trias) mit Lagen und wahrscheinlich frühdiagenetisch entstandenen, gitterartigen ‹Schnüren› von Alabastergips. (5.10.77).

Abb. 11.
Einsturztrichter (Doline) E Rheinfelden, verursacht durch unterirdische Auslaugung von Kalk- und Dolomitschichten des Muschelkalks und möglicherweise der tieferliegenden Salzvorkommen. (13.12.86).

Abb. 12.
Autobahnbau T-18 bei Unterwart (Neuewelt/Muttenz). Bunte Keupermergel (tektonisch gestört) und gelber Schilfsandstein des Mittleren Keuper, obere Trias. (9.6.77).

Abb. 13.
Unterwart bei Neuewelt/Muttenz, Aushub Autobahn T-18*. Schilfsandstein (Keuper) mit Kohleschmitzen und altem Bergwerkstollen. (12.7.77).

---

* T-18: neuerdings J. 18 (S. 38, 62, 64, 81, 174)

Schweizerhalle und Zinggibrunn hinter dem Wartenberg). Die Ausscheidung von Evaporiten verlangt, dass zeitweise ein lagunär-salinares Milieu und ein heisses Klima vorgeherrscht haben. Durch unterirdische Auslaugung solcher Gesteine können Höhlen (Tschamber-Höhle bei Karsau) entstehen, die dann durch Einsturz trichterförmige Dolinen an der Oberfläche bilden.

Mit dem nachfolgenden *Keuper* machen sich vermehrt festländische (terrestrische) Einflüsse geltend (Birs bei Neuewelt). Die etwa 100 und mehr Meter mächtigen, oft buntgefärbten Mergel enthalten wiederum Anhydrit oder Gips, was auf seichte Wassertiefe und warmes Klima hinweist. Diese Lagen werden von wenig mächtigen, sandigen (Schilfsandstein) und dolomitischen Schichten (Gansinger Dolomit) abgelöst, von bunten Mergeln überlagert und zuoberst durch das feinsandige, wenige Meter mächtige Rhät abgeschlossen, das während einer kurzen Meeresregressionsphase vor der dann nachfolgenden Überflutung (Transgression) durch das Jurameer vorherrschte.

Jura

Das nach dem Juragebirge benannte System wurde aufgrund der Gesteinsfarbe schon frühzeitig in Schwarzer (Lias), Brauner (Dogger) und Weisser Jura (Malm) eingeteilt. Es umfasst eine etwa 700 m mächtige Wechselfolge von Kalk- und Mergelformationen mit wenigen sandigen Einlagerungen. Einzelne Schichten sind äusserst fossilreich und enthalten oft auch zahlreiche Ammoniten, z.B. der Arietenkalk im Lias, die Humphriesi-Schichten im Unteren Dogger, die Varians- und Macrocephalus-Schichten im Bathonien bzw. Callovien, die Liesberg-Schichten des unteren «Rauracien» (Mittlere Oxfordien-Stufe) u.a.

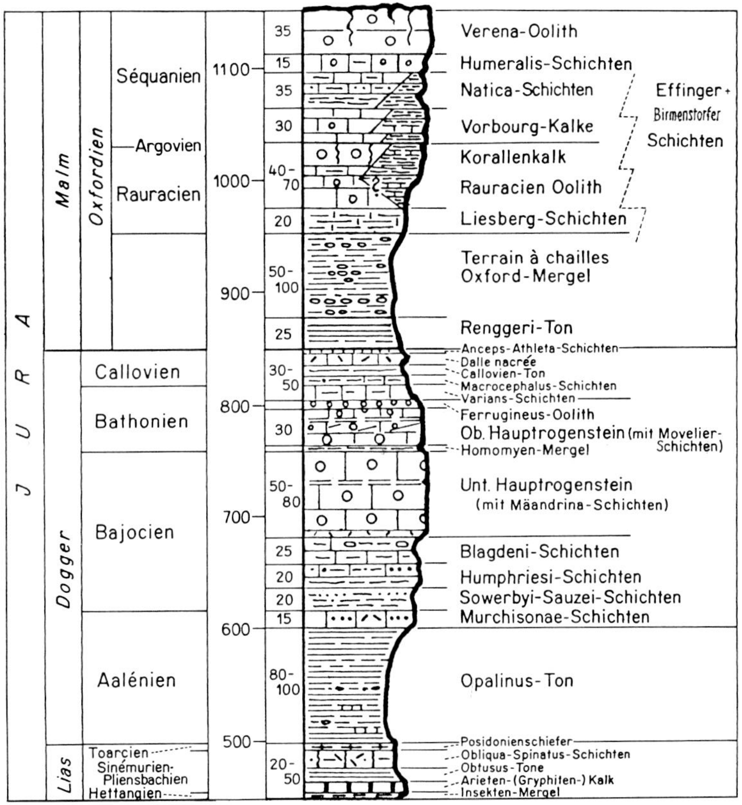

Stratigraphie und Paläogeographie

Abb. 14.
Stratigraphische Kolonne der Jura-Periode der Basler Region.

Die stark unterschiedliche Gesteinsausbildung der verschiedenen Jura-Formationen deutet darauf hin, dass das Ablagerungsmilieu des Meeres, die Sedimentzufuhr, das Klima und das Organismenleben in bemerkenswerter Weise variiert haben. So ist schon der wenige Dekameter messende Lias durch einen raschen Wechsel verschiedener Lithologien charakterisiert.

Darauf folgt der etwa 100 m mächtige, eintönige, fossilarme Opalinus-Ton. Im hangenden Unteren Dogger (Murchisonae- bis Blagdeni-Schichten) tritt wiederum ein rascher Sedimentationswechsel ein. Der Mittlere *Dogger* ist dann aber vorwiegend kalkig und wird durch den etwa 100 m mächtigen, ziemlich homogenen Hauptrogenstein vertreten. Diese meist gut gebankten, z.T. aber diagonalschichtigen und vorwiegend oolithischen Kalke sind in einem klaren, warmen und seichten Meer durch Kalkausscheidung unter Anwesenheit niederer Organismen entstanden. Von vielen Steinbrüchen (z.B. Münchenstein, Muttenz, Schänzli) sind heute nur noch wenige in Betrieb (z.B. Lusenberg im Oristal). Gegen oben wird der Hauptrogenstein eisenschüssig und groboolithisch (= Ferrugineus-Oolith), gefolgt durch die abwechselnd kalkigen und mergeligen, lagenweise äusserst fossilreichen Varians-Schichten, die zu Tausenden Terebrateln und Rhynchonellen enthalten *(Rhynchonelloidella alemanica* [ROLLIER]). Der Dogger wird nach oben durch das Callovien, eine 30–65 m mächtige Serie von Mergeln, Kalken und Tonen (Macrocephalus-Schichten, Callovien-Tone, Anceps-Athleta-Schichten) – im Westen auch mit eisenschüssiger Echinodermenbrekzie (Dalle nacrée) – abgeschlossen.

Der *Malm* (Weisser Jura) beginnt in unserer Gegend mit einer Mergelfolge, nämlich den Oxford-Mergeln, die sich in den basalen Renggeri-Ton und in das darüberliegende Terrain à chailles (Mergel mit bis kopfgrossen Konkretionen) unterteilen lassen.

Abb. 15.
Strasse N hinter Kirche von Grellingen. Diagonalschichtiger Oolith des Oberen Hauptrogenstein, aus untermeerisch strandnahen, durch Wechselströmungen entstandene Schrägschichtung von Ooid-Sandbänken. Exk. 11. (15.3.77).

Abb. 16.
Chastelbach S Grellingen, Geol. Atlas Bl. Laufen–Mümliswil, Koord. 610.625/253.300. Schwachgeneigte Terrain à chailles (Unteres Oxfordien). (20.8.86).

Die Oxford-Mergel, die nach heutiger Erkenntnis dem unteren Oxfordien entsprechen, sind südlich von Basel in normaler Lagerung um die 100 m mächtig; sie zeigen aber ostwärts eine starke Mächtigkeitsabnahme und südwärts im Faltenjura oder längs der Rheintal-Flexur eine gelegentlich vollständige tektonische Abscherung (disharmonische Faltungsvorgänge, z.B. Stelli-Störung im Südschenkel der Blauen-Antiklinale nördlich des Dorfes Blauen).

Der mittlere und obere Teil des Malm wird über den mergeligen Liesberg-Schichten von einer ziemlich einheitlichen, etwa 200 m mächtigen Kalkserie gebildet, von der auf dem Gebiet des Atlasblattes Arlesheim nur noch die Rauracien-Korallenkalke (bzw. die mergeligen Übergangsschichten) und teilweise die Sequankalke und -mergel (mittleres und oberes Oxfordien) übriggeblieben sind; die jüngeren Lagen (Kimmeridgien) sind der Verwitterung anheimgefallen. In einer Sondierbohrung östlich Nenzlingen betrug die Gesamtmächtigkeit der von wenig Tertiär überlagerten zwei Formationen total 115 m. Über die lithologische Ausbildung und den Fazieswechsel des Oxfordien von NW nach SE ist bereits früher berichtet worden.

Kreide

Am Ende der Jurazeit wurde das Meer durch weitverbreitete Hebungsvorgänge nach Südwesten und Norden zurückgedrängt (Regression des Jura-Meeres), und unsere Gegend wurde während der *Kreide* bis ins Untere Tertiär für etwa 100 Mio. Jahre Festland – eine unvorstellbar lange Periode, während der die Kalke des oberen Malm der Verwitterung und der Verkarstung preisgegeben waren.

Tertiär

Von der lang andauernden Abtragung ist spärlich wenig übriggeblieben: nämlich die im *Eocaen* in Kalken, Taschen und Spalten des verkarsteten Malmkalkes eingeschwemmten Residualbildungen (Siderolithikum), wie bunte bis helle, feine Quarzsande (Hupper), rotbraune eisenschüssige Tone (Bolus) und Bohnerz. Während der Hupper früher mancherorts als Form- oder Glassand ausgebeutet wurde, bildeten Bohnerzlager den Rohstoff für die Eisenherstellung (z.B. im Delsberger Becken noch Anfang des 20. Jahrhunderts in Schächten abgebaut).

Vorerst wurden in Seen noch im Eocaen limnische Sedimente (z.B. Planorbenkalk von Aesch und Hochwald) abgesetzt. Mit dem beginnenden Absinken des Rheingrabens zwischen Schwarzwald und Vogesen entstand eine Querverbindung durch das noch nicht bestehende Juragebirge mit dem Mittelland (= Raurachische Senke).

Allerdings scheint schon früh in der Querzone der heutigen Landskron-Kette und darüber hinaus eine Schwelle bestanden zu haben, ein mit Lagunen durchsetztes Küstengebiet, in dem Strandgerölle, Kalktuff usw. während des Sannoisien, ferner Konglomerate und Sandsteine («Meeressand») während des Rupélien abgelagert wurden. Auch nordwärts der Flexur entlang bildeten sich solche Küstenkonglomerate (Rötteln).

Mit zunehmender Versalzung im *Oligocaen* (Rupélien) entstanden tiefere marine Sedimente (Fischschiefer, Septarien-Ton = Meletta-Schichten), doch wenig später im Chattien herrschten wieder brackische (Elsässer Molasse) bis limnische Verhältnisse vor (Tüllinger Schichten, u.a. Süsswasserkalke).

Vom nachfolgenden *Miocaen* sind in der näheren Umgebung von Basel keine Ablagerungen vorhanden. Ein entspre-

Stratigraphie und Paläogeographie

Abb. 17.
N-Seite des Pelzmühletals S Grellingen. Die Verwerfung von Hochwald durchsetzt und verstellt den Rauracien-Riffkorallenkalk (Mittleres Oxfordien). (7.3.77).

Abb. 18.
Eichenberg S Hochwald, am Weg ins Pelzmühletal. ‹Mumien›-Bank des Sequankalks, Oxfordien. (16.3.77).

Abb. 19.
Schachlete, N Laufen, Steinbruch Jermann & Schmidlin. Karstbildung im Sequankalk, Tasche mit eocaenem Verwitterungsmaterial (Bolus-Ton). Exk. 1. (7.3.77).

Abb. 20.
Schematische Darstellung der paläogenen Ablagerungen am SE-Rand des Rheingrabens

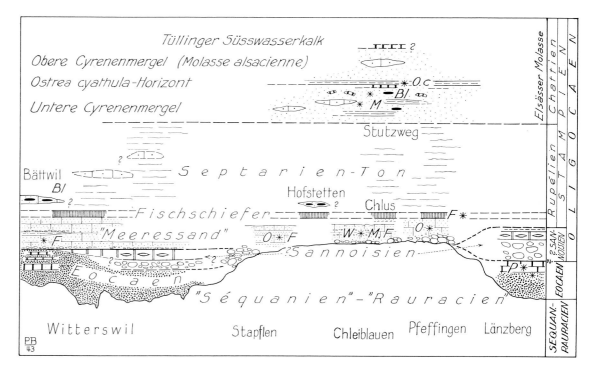

Süsswasserkalk
Fossiler Kalktuff mit Pflanzenresten
Ton
Mergel
Sandsteine und Sande
Konglomerate und grobe Gerölle
Bolus und Huppererde

– Bl = Blattabdrücke
∗ F = Foraminiferen
∗ M = Mollusken
∗ O = Ostrea callifera
∗ O.c = Ostrea cyathula
∗ P = Planorbis pseudammonius
∗ W = Wirbeltierreste

Abb. 21.
Dornachbrugg, linkes Birsufer unterhalb Strassenbrücke. Schräggeschichtete Sandsteinbänke der Elsässer Molasse (Chattien); Fundstelle von Pflanzenabdrücken (Palmen). Exk. 3, Stop 16. (16.4.86).

Abb. 22.
Linkes Birsufer bei Münchenstein vis-à-vis BBC-Komplex. Bunte Mergel der Tüllinger Schichten (Chattien), die in höheren Lagen auch Süsswasserkalke und Dolomite führen. (4.5.86).

Abb. 23.
Chastelhöhe (Ischlag) E Chaltbrunnental bei Grellingen. Geologisches Denkmal der S.N.G. (errichtet 1910); Buntsandstein-Gerölle (Wanderblock-Formation), aus dem Schwarzwald stammend, als Reste einer wahrscheinlich pliocaenen Flussablagerung, heute isoliert auf ca. 550 m Höhe vorkommend. Lohnenswertes Ausflugsziel. (20.8.86).

chender, von S herstammender Meeresvorstoss (Obere Meeresmolasse) ist nur anhand lokaler Vorkommen im Laufen-Becken und weiter im E nachweisbar (Tenniker Muschelagglomerat). Ebenso sind die aus dem N stammenden nachfolgenden fluviatilen Bildungen des oberen Miocaen, die sog. Juranagelfluh, hauptsächlich auf den Südosten, d.h. vom Laufen-Becken bis in den Aargauer Jura, beschränkt.

Im Zusammenhang mit der alpinen Orogenese wurde gegen Ende des Tertiär vor etwa 10 Mio. Jahren als ausserordentliches, gebirgsbildendes Ereignis, an der Wende *Miocaen/Pliocaen*, der Faltenjura aufgebaut, zusammengestaucht und teilweise überschoben (z.B. Hauenstein, Staffelegg). Das langsam entstandene Relief wurde wahrscheinlich schon während der Faltung durch Verwitterung angenagt. Ältere Schotterbildungen, die ans Ende der Tertiärzeit gestellt wurden, sind die Vogesenschotter, ferner die Wanderblock-Formation. Sie sind Überreste alter Flussablagerungen, die aus den Vogesen bzw. aus dem Schwarzwald stammen. Wahrscheinlich Ober-Pliocaen bis Früh-Pleistocaen sind die Sundgau-Schotter, die von dem Flusssystem Ur-Aare herstammen, als der Rhein – statt nach Westen und später durch den Rheingraben nach Norden – noch in die Donau floss.

Quartär

Durch die nun eintretenden Eiszeiten *(Diluvium* oder *Pleistocaen)* mit der erodierenden Wirkung von Wasser, Eis und Frostverwitterung resultierte eine intensive Abtragung. Die eiszeitlichen Gletscher und das Schmelzwasser der beginnenden Zwischeneiszeiten transportierten gewaltige Geröllmassen ins Vorland. Wenn wir als Beispiel die verschiedenen Schotterablagerun-

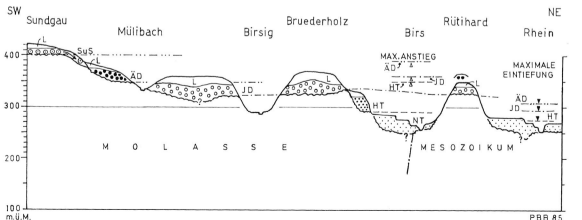

Abb. 24.
Die periglazialen Schotterterrassen südlich von Basel (schematisch).

SuS Sundgau-Schotter
ÄD   Älterer Deckenschotter (Günz-Eiszeit)
JD   Jüngerer Deckenschotter (Mindel-Eiszeit)
HT   Hochterrasse (Riss-Eiszeit)
NT   Niederterrasse
L   Löss und Lehm

gen des Quartär der Basler Umgebung übereinanderstapeln (Rheinschotter), so ergibt dies aber kaum mehr als 100 m, doch im Rheintalgebiet von Karlsruhe z.B. sind mehrere hundert Meter nachgewiesen. Bei den eiszeitlichen Schotterablagerungen der Basler Region ist zu beachten, dass die vermutlich der ältesten *Günz*-Eiszeit entsprechenden Älteren Deckenschotter auf einem topographisch höheren Niveau abgelagert wurden als die der *Mindel*-Eiszeit zugehörigen Jüngeren Deckenschotter. Vorwiegend während jeder Zwischeneiszeit haben die durch das Abschmelzen der Eismassen gewaltig angestiegenen Flüsse die vorher ausserhalb der Gletscher abgelagerten Schotterfluren stark ausgewaschen und sich zusätzlich in den Felsuntergrund eingeschnitten. Die so entstandenen tieferen Talböden wurden dann während der nachfolgenden Eiszeit mit Schotter neu angefüllt, wobei das Akkumulationsniveau topographisch tiefer zu liegen kam als das vorhergehende. Dieser Vorgang wiederholte sich während der *Riss*-Eiszeit und der zugehörigen Ablagerung der Hochterrassen-Schotter und auch während der letzten der vier Glazialperioden, der *Würm*-Eiszeit (Niederterrassen-Schotter). Der durch starke Winde (äolisch) aus den eiszeitlichen Schotterfluren ausgeblasene Staub, der dann als Löss abgesetzt wurde, entstand vorwiegend während der Riss-Eiszeit, möglicherweise aber schon früher. Wahrscheinlich bereits während des Rückzuges des Würm-Gletschers hat sich der immer stärker wasserführende Rhein in die bestehende Niederterrasse eingesägt und neue bzw. niedrigere Talböden (Alluvionen) mit seitlichen Terrassenrändern geschaffen (s. Exk. 2 und 4).

Durch die sich periodisch einschneidenden Flüsse mit tieferliegender Talbildung und nachfolgender Schotterauffüllung erklärt sich, dass die ältesten Ablagerungen topographisch am höchsten liegen (Älterer Deckenschotter über 350 m ü.M. W des

Stratigraphie und Paläogeographie

Leimentals und bei Asp/Rütihard), während die jüngsten, die Niederterrasse, die Talebenen des Rheins und der Birs auffüllen (315 m bei Aesch, 280 m im Basler Gundeldingerquartier).

Die auf 260–250 m Höhe liegende Schotterterrasse von Kleinbasel wird als im *Holocaen* umgelagerte Alluvionen des Rhein-Birs-Wiese-Flusssystems interpretiert. Holzfunde aus Schottern des Rheins und der Wiese beim Eglisee und dem Rauracher Center in Riehen sind mit der ^{14}C-Methode auf 5800 bzw. 6840 ± 110 Jahre B.P. datiert worden. Der Rheinlauf, nach dem Durchbruch aus dem Tafeljura in den Rheingraben, ist somit erst später durch die Wiese, das markante Rheinknie von Basel bildend, weiter nach W in das heutige Bett abgedrängt worden.

Heute leben wir in einer Nachglazialzeit, wobei die Erosionskraft der Flüsse durch zahlreiche Stauwerke beeinflusst ist und damit nicht mehr den natürlichen Verhältnissen entspricht. Ob gegenwärtig die Eiszeiten verursachenden kalten Klimaschübe endgültig der Vergangenheit angehören oder ob noch einmal die Aussicht auf neue Gletschervorstösse weit ins Alpen-Vorland besteht, ist noch nicht feststellbar.

Abb. 25.
Bruderholz-E-Rand, Verbindungsstrasse Neumünchenstein–Bottmingen, Kote 310. Nagelfluh-Bänke der Birs-Hochterrasse (Riss-Eiszeit). (12.7.77).

Abb. 26.
Kiesgrube Meyer-Spinnler, K. AG, Muttenz. Rheinschotter der Niederterrasse (Würm-Eiszeit). Vorwiegend grauer, sandiger Kies mit wenig Sandlinsen bzw. -Lagen. Schrägschichtung (Deltaschichtung) hier nur angedeutet. Exk. 3, 18. (19.5.86).

Abb. 27.
Kirchenbündtenstrasse E Ettingen, Baugrube. Bachschutt von Lösslehm überdeckt, was möglicherweise auf eine riss-eiszeitliche fluviatile Ablagerung eines vom Blauen herströmenden Baches hinweist. (23.3.77).

Abb. 28.
Aushub für Autobahn T-18 bei Reinach. Birsschotter über Aue-Lehm abgelagert, was auf eine eher kurze Überflutung ohne nennenswerte Erosion der lehmigen Unterlage hinweist. (30.5.78).

Abb. 29.
Rauracher Center Riehen/Basel; Baugrube. Graue Rheinsand-Linse in rotbraun gefärbtem Wiese-Schotter, Niederterrasse/Alluvialboden. (3.6.77).

Abb. 30.
Baugrube Rauracher Center Riehen. In holocaenen Rheinschottern eingebettet, etwa 150 Jahre alter, ca. 8 m langer Eichenstamm, der nach Altersbestimmung mit der ^{14}C-Methode vor 6840 ± 110 Jahren abgestorben und vom Rhein hierher transportiert worden ist. (3.6.77).

Tektonik

(Vergleiche Abb. 31 und geologisch-tektonische Übersicht 1:200 000 des Atlasblattes Arlesheim)

Die Basler Region ist durch drei geologisch bedeutende, stark unterschiedliche Strukturelemente charakterisiert: Die Stadt selbst liegt nahe der SE[4]-Ecke des heutigen, etwa 300 km langen und durchschnittlich 40 km breiten, im Tertiär eingesunkenen *Rheingrabens* (Oberrheingraben, Rheintalgraben); östlich der Birs bzw. der Wiese liegen *Tafeljura* und Dinkelberg; am Südende des Rheingrabens erheben sich die ersten Ketten des *Faltenjuras*, der südlich des Laufen-Beckens grosse Überschiebungen aufweist. Rheingraben im W und Dinkelberg-Tafeljura im E stossen an einer äusserst komplexen, etwa N–S streichenden Strukturfuge aneinander: der *Rheintal-Flexur*.

Nördliche Region

Wenn wir uns zuerst dem Gebiet nördlich von Basel zuwenden, das z.T. auf dem geologischen Atlasblatt Nr. 1047, Basel, enthalten ist, so können wir die folgenden Strukturelemente beobachten: Im E den *Dinkelberg* und die Weitenauer Vorberge, vorwiegend aus flach liegender Trias, im wesentlichen Muschelkalk und aus schmalen, rheinisch streichenden, mit Keuper gefüllten Zerrgräben bestehend. Die Dinkelberg-Scholle bildet eigentlich eine am Ostrand des Rheingrabens liegende Vorbergzone zwischen äusserer (Rheintal-Flexur) und innerer Hauptverwerfung (Wehratal–Zeiningen-Verwerfung), die von Kandern über Hausen–Hasel-Wehr bis Säckingen und über den Rhein verläuft. Die Rheintal-Flexur, schön aufgeschlossen bei der Burg Rötteln, ist besonders im Gebiet von Lörrach–Stetten durch Steinbrüche und zahlreiche Baugruben in ihrer Komplexität erkannt worden: eine durch viele Längs- und Querbrüche in Einzelschollen zerstückelte und treppenartig abgesetzte Strukturzone, an der die Formationen vom Dinkelberg in den Rheingraben flexurartig um über 1000 m abtauchen. Der totale Absenkungsbetrag bzw. Höhenunterschied des Grabeninnern weiter im N gegenüber dem gehobenen Schwarzwald beläuft sich sogar auf etwa 4000 m.

Unmittelbar westlich der Rheintal-Flexur liegt der Rheingraben, in dem abgesehen von spättertiären Schottern die jüngsten tertiären (Chattien-)Schichten in der *Mulde von St. Jakob–Tüllingen* vorkommen, wobei die nördliche Mulden-Achse ungefähr dem Ostrand des Tüllinger Berges folgt (Reliefumkehr!). Der Felsuntergrund unter den Schottern der Rheinebene und das übrige Markgräfler Hügelland sind vorwiegend von Rupélien-Chattien-Formationen gebildet (Meletta-Schichten, Elsässer Molasse), meist durch verschiedene Schotter und durch Löss bedeckt.

Nur im *Isteiner Klotz* erscheint eine bedeutende Malmkalk-Scholle, die sich an einer Verwerfung längs des Rheins neben dem abgewinkelten Graben von Wolschwiller–Allschwil–Sierentz aus der Rheinebene heraushebt. Der tektonische Baustil ist auch hier am Ostrand des Rheingrabens von Bruchschollen geprägt.

Im Gebiet der breiten Rheinebene sind verschiedene Terrain-Stufen der Niederterrassen-Schotter ersichtlich, die allerdings längs des Rheins in einem breiten Band durch den holocaenen, mäandrierenden Fluss zu den heutigen Alluvialböden wieder abgetragen und umgelagert worden sind. Aus Bohrungen und

---

[4] Abkürzungen: N=Norden, nördlich, E=Osten, östlich, S=Süden, südlich, W=Westen, westlich.

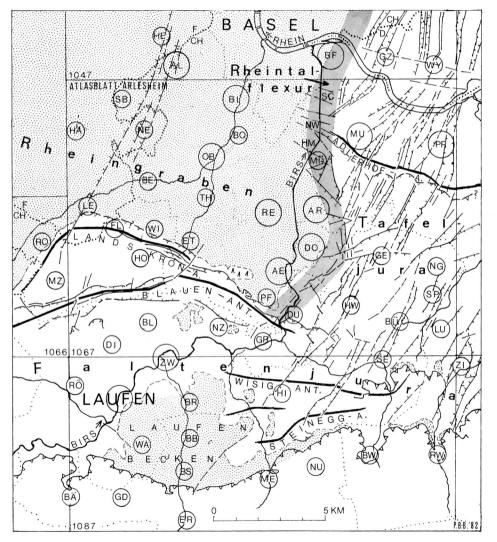

Abb. 31.
Tektonische Kartenskizze des Gebietes südlich von Basel.

AE	Aesch	HW	Hochwald
AL	Allschwil	LE	Leymen
AR	Arlesheim	LU	Lupsingen
BÄ	Bärschwil	ME	Meltingen
BB	Breitenbach	MÜ	Münchenstein
BE	Benken	MU	Muttenz
BF	Birsfelden	MZ	Metzerlen
BI	Binningen	NE	Neuwiller
BL	Blauen	NG	Nuglar
BO	Bottmingen	NU	Nunningen
BR	Brislach	NW	Neuewelt
BS	Büsserach	NZ	Nenzlingen
BÜ	Büren	OB	Oberwil
BW	Bretzwil	PF	Pfeffingen
DI	Dittingen	PR	Pratteln
DO	Dornach	RE	Reinach
DU	Duggingen	RO	Rodersdorf
ER	Erschwil	RÖ	Röschenz
ET	Ettingen	RW	Reigoldswil
FL	Flüh	SB	Schönenbuch
GD	Grindel	SC	Schänzli/St. Jakob
GE	Gempen	SE	Seewen
GR	Grellingen	SP	St. Pantaleon
GZ	Grenzach	TH	Therwil
HA	Hagenthal	WA	Wahlen
HE	Hésingue	WI	Witterswil
HI	Himmelried	WY	Wyhlen
HM	Hofmatt	ZI	Ziefen
HO	Hofstetten	ZW	Zwingen

durch reflexions-seismische Untersuchungen ist ermittelt worden, dass der Rheingraben – wenn auch meist durch Löss oder Schotter verdeckt – beträchtliche Verwerfungen und Bruchstrukturen aufweist. So kennen wir westlich der Mulde von St. Jakob–Tüllingen den *Graben von Sierentz* und den *Mülhauser Horst*.

Südliche Region

Das Gebiet südlich von Basel, enthalten auf dem geologischen Atlasblatt Nr. 1067, Arlesheim, umfasst das eigentliche SE-Ende des heutigen Rheingrabens und den dazugehörenden tektonischen Rahmen: *Landskron-Kette* und *Blauen-Antiklinale* des Faltenjuras im S und *Schönmatt–Gempen–Hochwald-Plateau* des Tafeljuras im E. Wiederum werden Rheingraben und Tafeljura durch die komplex gebaute, etwa parallel der Birs verlaufende Rheintal-Flexur getrennt, die südlich von Arlesheim nach der weitausholenden Bucht des Birsecks bei der Ruine Pfeffingen am Malm-Nordschenkel der Blauen-Antiklinale ihr Ende findet.

Vom NW des Atlasblattes Arlesheim gehört etwa ein Drittel in den Bereich des tertiären Rheingrabens, nämlich die von Schottern überdeckte Birsebene (ca. 300 m ü.M.) zwischen St. Jakob und Aesch und westwärts anschliessend das von älteren Schottern und oft mächtigem Löss bedeckte Hügelland des Bruederholzes und dem vom Birsig durchflossenen Leimental; ferner die südöstlichen Ausläufer des französischen Sundgaus. Auch der südlichste Anteil des Rheingrabens lässt – durch Bohrungen und Seismik belegt – die Fortsetzung der nördlich von Basel erkannten Strukturelemente erkennen. Der *Graben von Wolschwiller–Allschwil* ist an der Allschwiler Verwerfung gegenüber dem Basler Rücken um etwa 300–500 m abgesunken. Weiter östlich schliesst die im Untergrund durch Brüche markierte *Mulde von St. Jakob–Tüllingen* an, deren steil aufsteigende Ostflanke – allerdings von Verwerfungen durchsetzt – in die Rheintal-Flexur übergeht.

Das heutige S-Ende des Rheingrabens verläuft längs der Linie Leymen–Ettingen–Aesch; es wird durch den markanten flexurartig abtauchenden Nordschenkel der asymmetrischen *Landskron-Kette* und in der östlichen Fortsetzung von dem der *Blauen-Antiklinale* gebildet. Südlich anschliessend an die Landskron-Kette liegt die flache *Mulde von Metzerlen–Hofstetten,* aus der sich das bewaldete Gewölbe des Blauens (875 m ü.M.) erhebt, das südostwärts jenseits der Eggflue gegen die Klus von Grellingen abtaucht und am W-Rand des Tafeljuras (Falkenflue) endet.

Der steil einfallende S-Schenkel des Blauen-Gewölbes verflacht sich südwärts knickartig in das schwach abfallende *Plateau von Blauen–Nenzlingen,* das bei Zwingen in das weite *Tertiärbecken von Laufen* übergeht.

Südlich des Laufen-Beckens, im Gebiet von Atlasblatt Nr. 3, Laufen–Mümliswil (LK-Blatt Passwang), folgt die grosse, von W nach E streichende *Randüberschiebung* der Vorbourg-Antiklinale. Im NE erreicht bei Seewen und bei Schneematt eine vorgeschobene Schuppe am Homberg die südlichen Ausläufer des Malmkalk-Plateaus von Gempen–Hochwald.

Das ostwärts an die Rheintal-Flexur anschliessende, morphologisch herausragende Gebiet gehört zum Tafeljura, der vorerst noch in einer breiteren Zone durch Quer- und Längsstörungen durchsetzt ist, ehe wir weiter im östlichen Baselbiet und westlichen Aargau die charakteristische, durch SSW–NNE streichenden Horste und Gräben geformte *Tafellandschaft* vorfinden. Als fremdes Strukturelement existiert im N-Teil des Tafeljuras, nördlich des Dogger-Plateaus von Schönmatt, die

Keuper- und Lias-Zone der etwa W–E streichenden *Adlerhof-Struktur,* die wahrscheinlich längs einer alttertiären Abschiebung als nördlichste Struktur während der Jurafaltung zusammengepresst worden ist.

Wie einleitend erwähnt, beinhaltet das Gebiet der Basler Region in tektonischer Hinsicht Teile der drei Grossstrukturen Rheingraben, Dinkelberg-Tafeljura (mit der Trennfuge Rheintal-Flexur) und Faltenjura. Diese drei tektonischen Einheiten stossen südlich von Aesch bei der Ruine Pfeffingen zusammen, wobei sich im weiteren Umkreis infolge der unterschiedlichen Geschichte eine Reihe vielfältiger Interferenzerscheinungen feststellen lassen.

Abb. 32.
Wölflinswil (AG), Dorfausgang an der Strasse nach Herznach. Verwerfung des E-Randes des Grabens von Fürberg–Wölflinswil; hellgefärbter, flachliegender Hauptrogenstein des Horstrandes (rechts), eingeklemmter Keil von braunem steil W-fallendem, eisenoolithischem und fossilreichem Oberen Dogger (Mitte) und hellgraue Effinger Schichten des um etwa 100 m eingesunkenen Grabens (links). (18.6.87).

Angewandte Geologie

Bausteine der Basler Region

Zu einer Einführung in die Geologie der Umgebung von Basel gehören naturgemäss auch Hinweise auf die von alters her verwendeten Bausteine in der Stadt und im umliegenden Land. Aus naheliegenden Gründen wurden früher als wetterfestes Baumaterial die lokal oder in der Umgebung vorhandenen, möglichst soliden, aber doch relativ leicht behaubaren Natursteine bevorzugt. Somit verraten diese Bausteine das Vorkommen gewisser Gesteins-Formationen und etwas von der Geologie der Region. Aus grösserer Distanz kamen wegen des Gewichts der Blöcke vorerst – allerdings schon recht früh – hauptsächlich Verfrachtung auf dem Wasser und schliesslich erst ab Mitte des 19. Jahrhunderts der Bahntransport in Frage (Hauensteintunnel ab 1858). Hieraus ergibt sich, dass nur die Bauten und Denkmäler vor etwa 1850 ein wahres Bild der «Baustein-Geologie» des alten Basel widerspiegeln.

Vor dem Zweiten Weltkrieg nahm leider der Betonbau stark überhand; glücklicherweise zeichnet sich in den letzten Jahrzehnten eine vermehrte Verwendung von Natursteinen ab, sei es als Fassadenverkleidung durch Platten aus Sandstein, Travertin, Gneis usw. oder als Bodenfliesen, Treppenstufen, Fensterbänke usw. aus poliertem Granit, Kalk, Marmor und anderen metamorphen Gesteinen. Noch viel reichhaltiger ist heute das Angebot von Natursteinen für diese Zwecke oder für Denkmäler, Grabmäler und Innenausbauten. Der vorliegende Kurzbericht kann aber diese in neuerer Zeit verwendeten und irgendwo zwischen dem Nordkap und dem Mittelmeer herstammenden Bausteine nicht erwähnen. Ebensowenig wird auf die Kunstgeschichte der angeführten Gebäude, Skulpturen usw. eingegangen. Die Verwendung der verschiedenen Natursteine als Strassenschotter sowie der Abbau von Lehm, Kies und Sand zur Backstein- bzw. Betonherstellung wird im folgenden Kapital kurz erwähnt.

Die in der Basler Gegend gewonnenen Bausteine und einige repräsentative Anwendungen werden anschliessend in stratigraphischer Folge aufgezählt:

Karbon

Albtal-Granit: Grauer grobporphyrischer Biotit-Granit mit grossen, hellen Kalifeldspat-Kristallen. Vorwiegend zu Sockelquadern, Treppenstufen, Randsteinen usw., erst im 19. Jahrhundert verwendet (Treppe zum Petersplatz, De-Wette-Schulhaus-Boden usw.).

Diverse Vogesen- und Schwarzwald-Granite, Porphyre und Gneise verschiedenen Alters in vielseitiger, aber eher seltenerer Anwendung. Gelegentlich auch kristalline Gesteine aus den Alpen von Findlingen (Granitsäule für neuen Brunnstock des Fischmarktbrunnens, 1851).

Trias
Buntsandstein (Untere Trias)

Mittlerer Buntsandstein: Aus etwa 15 m wurden 9 m ausgebeutet; hellgrauer bis blassroter, oft diagonal geschichteter, fein- bis grobkörniger, harter Sandstein, mit feinen Geröllagen; sofern genügend kieseliges Bindemittel vorhanden, sehr wetterbeständig. Vorwiegend verwendet als Mauerquader an repräsentativen Bauten seit etwa dem 10. Jahrhundert aus Steinbrüchen beidseits des Rheins bei Warmbach und um Degerfelden bei badisch Rheinfelden. Steinbrüche im Weiherfeld unterhalb Rheinfelden sind um 1388 durch die Stadt zur Ausbeutung für die Stadtbefestigung gekauft worden. Hauptbaustein am Basler Münster, ferner an Toren der Stadtmauer (Spalentor, St.-Johanns-Tor, St.-Alban-Tor) und anderen Bauten (Pfalz); mitverwendet in der Stadtmauer (St.-Alban-Tal: Letzimauer) und an Kirchen (Prediger-, Theodors-, Peters-, Barfüsser-, Martins- und an der schon 1002 gegründeten Leonhardskirche), ferner am Lohnhof. Gelegentlich auch als Mühlstein verwendet. Weniger geeignet für Bildhauerarbeiten.

Oberer Buntsandstein (Plattensandstein): Aus etwa 30 m nur ca. 10 m verwertbar, meist dunkel bis braunroter, selten grünlichgrauer, vorwiegend feinkörniger und gut behaubarer Sandstein. Hauptsächlich zu Skulpturen, Reliefdarstellungen, Fenstermasswerk, aber auch oft als Quader behauen. Steinbrüche Maienbüel bei Riehen – wo 1864 ein seltener, 215 Mio. Jahre alter Cotylosaurier, nämlich die Skelett-Hohlform eines *Sclerosaurus armatus* MEYER, gefunden wurde (jetzt im Naturhistorischen Museum) –, ferner bei Inzlingen und weitere im Wiesental, Betrieb meist seit langem eingestellt. Neuere Steinbrüche bei Zabern und Vögtlinshofen (Vogesen), im Maintal und anderswo in Baden. Der Obere Buntsandstein ist praktisch in allen Kirchen, vielen öffentlichen Bauten (Rathaus nach 1504, Stadthaus und Haus zum Kirschgarten 1775 und 1780, Hauptpost um 1850 mit Torbogen aus dem 16. Jh. usw.), für Brunnen (Fischmarkt, Holbein), Epitaphien und bei vielen Privathäusern zur Anwendung gekommen (Restaurant Zum Schnabel, Zum Sperber, Löwenzorn usw.) heute zur besseren Konservierung allerdings oft übermalt (Rathaus).

Muschelkalk (Mittlere Trias)

Hauptmuschelkalk: Etwa 50 m rauchgrauer, dünnbankiger bis plattiger Kalk, vorwiegend für Mauerwerk aus Steinbrüchen bei Grenzach–Wyhlen, Bettingen, Inzlingen und am Rheinufer unterhalb Schweizerhalle (meist aufgelassen). Grosszügige Verwendung durch die Römer (Augusta Raurica, Castrum-Mauer auf dem Münsterhügel); in Fundamenten mehrerer Kirchen (u.a. St. Alban um 700 n.Chr.), in der Stadtmauer (äussere Befestigung um 1398 vollendet, ab 1859 abgebrochen).

Trigonodus-Dolomit (Oberer Muschelkalk): Etwa 20 m gelblicher dolomititischer Kalk. Früher Steinbruch bei Schweizerhalle (Museumsbau 1844–1849) aufgelassen; am Hörnli. Wenig verwendet, vereinzelt im Mauerwerk.

Keuper (Obere Trias)

Gansinger Dolomit und *Schilfsandstein:* Gelblicher Dolomit bzw. grau bis rot gefleckter Sandstein, gelegentlich für Fensterbänke und dergleichen aus kleinen Steinbrüchen des Aargauer Jura verarbeitet. Schilfsandstein wird heute noch bei Gansingen ausgebeutet.

Jura
Lias (Unterer Jura)

128 *Gryphitenkalk:* Harter, oft eisenschüssiger, fossilreicher (Gryphäen, Ammoniten) Kalk von wenigen Metern Mächtigkeit, als Füllmaterial gelegentlich in Mauerwerk aus kleinen Steinbrüchen südlich Muttenz und Pratteln (heute aufgelassen).

Dogger (Mittlerer Jura)

133 *Hauptrogenstein:* Etwa 100 m plattiger bis bankiger, graublauer meist gelblichbraun verwitternder, klüftiger Oolith. Fast ausschliesslich zu Mauerwerk verarbeitet; Brunnentröge recht selten (Muttenz 1729, Pratteln 1791; anderswo und später meist Malmkalk). Zahlreiche Steinbrüche bei Münchenstein, Arlesheim und Dornach, ferner südlich von Muttenz und Pratteln (Sulzchopf, Chlosterchöpfli, Adler und Lusenberg). Die Burgen des Wartenbergs und Madeln aus Hauptrogenstein auf derselben Formation stehend, alle übrigen Burgen südlich Basel bis Laufen vorwiegend aus Malmkalk auf Malmkalk errichtet.

Malm (Oberer Jura)

17 *Malmkalk* (Rauracien-Korallenkalk und Oolith): Etwa 20 m helle bis weisse, massige, teilweise kreidige Korallenkalke und Oolithe. Gelegentlich für Skulpturen verwendet, weniger geeignet als Mauerquader. Steinbrüche im Gempen- und Blauengebiet, vorwiegend aufgelassen, z.T. schon durch die Römer benutzt (Dittingen). Neuere Steinbrüche meist nur für Strassen-
81 schotter (E Hofstetten). Grosse Ausbeutung zur Zementfabrikation im Laufental und bei Istein.

Malmkalk, «Laufener Kalk» (Sequankalk): Geschichtete bis gebankte, gelbliche bis graue Kalke, dicht bis oolithisch, mit Lagen von Pisolithen und Mumien. Quadersteine für Mauer- 18 werk und Monolithe für Brunnentröge ab Ende 18. Jahrhundert 35 aus Laufener Steinbrüchen; zurzeit aus der Schachlete N Laufen, 36 wo etwa 10 m der Formation abgebaut werden. Zahlreiche Bauten wie Bundesbahnhof, De-Wette-Schulhaus, Münsterbrunnen 37 1784 und die meisten Dorfbrunnen des Birsigtals; Balustrade der Bernoullianum-Freitreppe aus Pisolith usw.

Malmkalk, «Solothurner Kalk» (Kimmeridgien): Gebankter, heller bis gelbbeiger, dichter, z.T. fossilführender detritischer Kalk und Kalk-Arenit, umfasst etwa 10 m des sog. Schildkrötenkalkes aus dem etwa 130 m mächtigen Kimmeridgien. Steinbrüche N von Solothurn (Biberstein, St. Niklaus) schon zur Zeit der Römer ausgebeutet. Zahlreiche Monolithe für Brunnentröge hauptsächlich ab Mitte des 19. Jahrhunderts in der Basler Gegend, aber ältester schon 1779 (Petersplatz). Fast alle Dorfbrunnen von Muttenz und Pratteln stammen von Solothurn. Ferner als Sockel- und Mauersteine verwendet. Weniger häufig sind die dekorativen gelben, wenig mächtigen Nerineenbänke, die Anhäufungen von meist rekristallisierten, bis etwa 20 cm grossen Nerineen enthalten (Brunnentrog St.-Alban-Vorstadt/Mühlenberg, Eingangstreppe zum Zivilstandsamt Rittergasse 11, 38 Wandbrünneli-Einschalung im Wenkenhof-Café, Riehen).

Tertiär
Oligocaen

«Meeressand» (Rupélien): Harte, graugelb bis rötliche, feinsandige bis konglomeratische, schlecht geschichtete und meist nur 63 wenige Meter mächtige Sandsteine. Früher aus kleinen Steinbrü-

Abb. 33.
St. Alban-Tor, E-Seite. Quader aus diagonalschichtigem, grobem Mittleren Buntsandstein, wahrscheinlich von Warmbach oder Degerfelden; Mitte unten: stark verwitterter ‹Buckel›-Quader aus tertiärem Sandstein (vom Rheinufer herstammend?). (22.12.85).

Abb. 34.
Basler Münster (Pfalzseite). Diagonalschichtiger Mittlerer Buntsandstein von Degerfelden oder Warmbach (D); eingesetzter Ersatzquader aus braunrotem, homogenem Oberen Buntsandstein vom Maintal oder aus den Vogesen. (22.12.85).

Abb. 35.
Dorfbrunnen in Ettingen. ‹Mumienkalk›, vorwiegend aus Algenknollen aufgebauter Sequankalk, Oxfordien. (9.3.77).

Bausteine der Basler Region

Abb. 36.
Bärschwil SO. Amanz Gressly-Brunnen aus Laufener Sequankalk (Oxfordien). (16.4.86).

Abb. 37.
Basler Münsterplatz, ‹Pisoni›-Brunnen 1784. Laufener bzw. Nerineen-Kalk (Oxfordien oder Kimmeridgien). (9.3.86).

Angewandte Geologie

Abb. 38.
Eingangstreppe im Alioth-Vischer Haus (1899), Rittergasse 11, heutiges Standesamt. Nerineen-Kalk, Kimmeridgien, wahrscheinlich von Biberstein SO. (11.3.86).

Abb. 39.
Basler Münster, Georgsturm, SW-Seite. tertiärer Sandstein aus dem Septarien-Ton? (blassgelb), repariert mit roten Buntsandstein-Quadern; Ritter Georg: Kopie. (22.12.85).

chen am SE-Rand des Rheingrabens bei Flüh, Witterswil, Pfeffingen, Dornach und von der Blauen-Südseite bei Chleiblauen für Sockelsteine, Fensterrahmen und Mauerwerk für lokalen Gebrauch ausgebeutet.

«Tertiärsandstein» des Septarien-Tons oder Meletta-Schichten (Rupélien): Hellbeiger, lichtgrau bis grünlicher, feiner, harter Kalk-Sandstein; früher wahrscheinlich am Grossbasler Rheinufer ausgebeutet. Am romanischen Münster (Unterer Georgsturm) und anderswo oft verwendet.

Elsässer Molasse (Mittleres Chattien): Gelber bis grauer, glimmerreicher, meist mürber Sandstein; Bruederholz bis Sundgau, wenig verwendet.

Tüllinger Kalk (Oberes Chattien): Bleichgelber bis hellederfarbiger, porös-kreidiger, sehr feinkristalliner Süsswasserkalk als Einlagerung in den Tüllinger Schichten. Alte Steinbrüche bei Tüllingen und am E-Fuss des Tüllinger Berges, ferner am E-Rand des Bruederholzes im Galgehölzli beim Predigerhof. Bereits nach 1100 im Kreuzgang des Klosters St. Alban, abwechselnd mit rotem Buntsandstein, als Bogensteine der Arkaden benutzt.

Miocaen

Tenniker Muschelagglomerat (Helvétien): Braunes, sehr wetterbeständiges, hartes, aus Muschelschalen und Trümmern bestehendes, zementiertes Agglomerat (Transgressionssediment). Wenige Meter mächtig; früher in kleinen Steinbrüchen auf der Tenniker Flue und Umgebung ausgebeutet und meist nur lokal verwendet.

Quartär

Nagelfluh: Graugefärbtes (Rheinschotter) oder gelbliches (Birsschotter), oft sehr hartes Konglomerat aus der Hochterrasse oder dem Jüngeren Deckenschotter als verkittete Einlagerung in den quartären Flussschottern des Rhein- und Birstalgebietes. Nur gelegentlich als Baustein anzutreffen.

Nagelfluh aus der Molasse des Mittellandes, von Erratikern oder Schwemmblöcken herstammend, ist selten zu sehen.

«Wacken» (Bollensteine): Die aus den verschiedenen quartären Schottern gesammelten, harten Gerölle von sehr unterschiedlicher Petrographie und ursprünglicher Herkunft (Schwarzwald, Jura, Mittelland und Alpen) sind schon sehr früh in Fundamenten und Mauern, später (halbiert) als Strassenbelag («Kopfsteinpflaster») verwendet worden. Fundament Kirche St. Alban (um 700), Peterskirche.

Mit dieser Aufzählung wurde mit Hilfe einiger repräsentativer Vertreter versucht, die Mannigfaltigkeit der aus der Basler Umgebung stammenden und in der Stadt verwendeten Bausteine zu demonstrieren, ohne Anspruch auf Vollständigkeit zu erheben. Es ergibt sich, dass die Bauten der alten Stadt charakterisiert sind durch die rote Farbe des Mittleren und Oberen Buntsandsteins, aus dem heute noch recht zahlreiche Gebäude, Mauern, Skulpturen und Denkmäler bestehen, unterbrochen durch das Grau der Malmkalke vieler Brunnen und Gebäudeteile, d.h. das Graugelb bzw. Hellgelb der Laufener oder Solothurner Kalke, die je nach Schicht und dem Verwitterungsgrad unterschiedliche Färbung aufweisen. Durch das Heranbringen von auswärtigen Natursteinen veränderte sich der ursprüngliche Bausteincharakter der Stadt rasch, so vorerst ab etwa Mitte des 19. Jahrhunderts

durch das Aufkommen des grünlichgrauen «Berner Sandsteins», der bald aus vielen Steinbrüchen des Molasse-Mittellandes zum Bau von Häusern und öffentlichen Gebäuden in der Stadt herbeigeschafft wurde (Elisabethenkirche 1865, ehemalige Realschule Rittergasse 4, Bernoullianum und viele andere mehr).

Leider erweist sich der Berner Sandstein als nicht besonders wetterfest, aber auch der Buntsandstein zeigt neuerdings, wahrscheinlich durch die Luftverschmutzung bedingt, bedenkliche Auflösungserscheinungen. Die Zerstörung der Säulen in der Barfüsserkirche ist hingegen durch Salz verursacht worden (saniert 1975–1977).

Eine weitere Änderung im Bausteincharakter brachte die Eröffnung des Gotthard-Tunnels (1882), wodurch neben den Aare- und Gotthard-Graniten die grosse Mannigfaltigkeit der Tessiner Gneise nach Basel kam (z.B. Mittlere Brücke).

Abb. 40.
Basel, Kreuzgang des ehemaligen Klosters St. Alban, gebaut um 1100, Arkade. Rotbrauner Oberer Buntsandstein (aus dem Wiesental?) und blassgelber Tüllinger Süsswasserkalk (Bruederholz?). (22.12.85).

Abb. 41.
Bruederholz-E-Rand, Verbindungsstrasse Neumünchenstein–Bottmingen. Nagelfluh der Birs-Hochterrasse (Riss-Eiszeit), Detail von Abb. 25. (12.7.77).

Heute ist die Zahl der eingeführten Natursteine Legion, und auch der petrographisch orientierte Wanderer durch die Stadt wird seine Mühe haben, all die Varietäten zu erkennen und deren Provenienz zu erraten[5].

Literaturhinweise

DE QUERVAIN, F. (1981): Der Stein in der Baugeschichte Basels. – Verh. natf. Ges. Basel *90*.
– (1982): Geologisch-petrographische Notizen über Steinanwendungen an historischen Bau- und Bildwerken in der Schweiz. – Schweiz. Geotech. Komm., ETH Zürich.
– (1983): Gesteinsarten an historischen Bau- und Bildwerken der Schweiz, Bd. 2 (BS, BL, SH). – Inst. Denkmalpflege, ETH Zürich.
DE QUERVAIN, F., & GSCHWIND, M. (1949): Die nutzbaren Gesteine der Schweiz. – Kümmerly & Frey, Bern.
HAUBER, L. (1967): Der bauliche Zustand der Buntsandsteinsäulen der Barfüsserkirche in Basel. – Verh. natf. Ges. Basel *78/1*.
JAGGI, A. (1979): Renovation und Sanierung der Barfüsserkirche in Basel – Ingenieurarbeiten. – Schweiz. Ing. & Arch. *36*.
WENK, H.-R. (1966): Bausteine der Stadt Basel; Erläuterungen zum Wandmosaik in der Ausstellungshalle des Bernoullianums. – Regio basil. *7/1*.
WITTMANN, O. (1983): Der Tüllinger Süsswasserkalk als Werkstein in der Romantik. – Regio basil. *24/2+3*.

---

[5] Eine Übersicht der Basler Bausteine ist in einem originellen Wandmosaik in der Ausstellungshalle des Bernoullianums zusammengestellt.

Nutzbare Gesteine der Basler Gegend

Über die vielseitige Verwendung von Natursteinen als Baumaterial und zur Erstellung von Kunstdenkmälern ist im vorherigen Kapitel berichtet worden. Zur Vollständigkeit sei noch auf die Verwendung der verschiedenen Gesteine für andere Bauzwecke kurz hingewiesen. Der *Kies* wird vorwiegend zur Herstellung von Beton verwendet, wozu sich hauptsächlich gewaschener Rheinkies der Niederterrasse eignet. Dementsprechend finden wir diesbezügliche Kiesgruben vor allem in der Rheinebene bei Muttenz, Pratteln usw., aber auch gegenüber auf der deutschen Seite bei

Abb. 42.
Blauengebiet, seltene Kluftfüllung im Sequankalk, wahrscheinlich eocaenen Alters. ‹Nagelkalk› (Kalzit), gesägter und polierter Querschnitt. (15.5.86).

Grenzach-Wyhlen. Früher gab es auch Gruben auf dem Stadtgebiet, so z.B. beim Bäumlihof, beim Lysbüchel und in Neuallschwil. Der Birskies, der fast ausschliesslich aus weicheren Jurakalken besteht, eignet sich nicht zur Betonherstellung. Doch werden die Schotter beider Provenienz zur Aufschüttung von Dämmen usw. gebraucht (Autobahnen!).

Ebenfalls für Strassenschotter, wenn auch eher nur in lokaler Anwendung, werden *Kalke* und *Dolomite* gemahlen; hierfür eignen sich besonders der Muschelkalk, Hauptrogenstein und die Malmkalke. Neben den in den diesbezüglichen Steinbruchbetrieben gewonnenen Bau- und Bruchsteinen sind dann die Abfallstücke oft weiter zerkleinert und zu Strassenschotter zermahlen worden. Heute ist auch diese Industrie auf wenige Grossbetriebe beschränkt.

Für den lokalen Wegbau werden aber auch heute noch temporäre ‹Grien›-Gruben angelegt; hierfür eignen sich besonders die oft mächtigen *Gehängeschutt-*, vor allem die periglazialen Verwitterungsschutt-Ablagerungen, die hauptsächlich am Fuss der Steilwände aus Hauptrogenstein und Malmkalk vorkommen.

Sogar die Grossbetriebe zur Nutzung von *Kalk* und *Mergel* für die Zementfabrikation sind in der Region eingestellt oder auf eine Teilproduktion reduziert (Liesberg, Lausen usw.).

Ein ähnliches Schicksal hat die Backstein- und Ziegeleifabrikation erlitten. Früher wurde in zahlreichen kleineren Betrieben vorwiegend der *Löss-* oder *Schwemmlehm*, ferner der *Septarien-Ton* (Allschwil) und andere tertiäre Lehme und an einigen Orten auch der *Opalinus-Ton* ausgebeutet.

Von wirtschaftlicher Bedeutung waren auch der *Hupper* (Quarzsande) und *Bohnerze* des Siderolithikums, doch sind diese Vorkommen auf sehr lokale Taschen, Schlote und grössere Kolke beschränkt (Witterswiler Berg, Exk. 6; Lausen, Exk. 24 u.a.). Diese Gesteine sind das Abtragungsprodukt einer etwa 80 Mio. Jahre andauernden Festlandperiode, wobei dann die chemisch nicht gelösten Gemengteile wie Quarzsand und Ton im Eocaen in den Vertiefungen der durchlöcherten Karstlandschaft abgesetzt wurden. Früher sind Quarzsande in den Glashütten verarbeitet worden; Huppererden werden z.T. auch heute noch als feuerfestes Material (Schmelzpunkt 1600–1700 °C) und für Schamottesteine gebraucht (Lausen), während Bohnerz (bis zu 45% Fe) früher zur Eisenherstellung ausgebeutet wurde. Das erwähnte, meist unregelmässige Auftreten der Vorkommen und die lithologisch unterschiedliche Auffüllung der Kolke oder die sehr uneinheitlich mächtigen Lager haben kaum einen wirtschaftlich grossen Betrieb zur Folge gehabt, ausgenommen zeitweise die Bohnerzgewinnung im Delsberger Becken, wo das Eisenerz regelmässig bis in die dreissiger Jahre im Schachtbau gefördert wurde. Durch die Rohstoffverknappung bedingt wurde hier während des Zweiten Weltkrieges die Produktion erneut aufgenommen, wobei von 1941 bis 1945 im Bergwerk Prés Roses W Delsberg über 30 000 Tonnen Bohnerz ausgebeutet worden sind.

Für Strahler und Kristalliebhaber bietet die Region Basel kaum ein lockendes Ausflugsziel. Abgesehen von dem sehr häufigen Kalzit als Kluftfüllung, aber kaum schönen Stufen, gelegentlich Zinkblende (s. Exkursion 19) und Fluorit, kommen wenig sammelnswerte Kristalle vor.

Literaturhinweise

DE QUERVAIN, F., & GSCHWIND, M. (1949): Die nutzbaren Gesteine der Schweiz. - Geotech. Komm. Schweiz. natf. Ges.; Kümmerly & Frey, Bern.
HEIM, A. (1919/22): Geologie der Schweiz, Bd. 1 und 2. - Ch.H. Tauchnitz, Leipzig.

Gold im Basler Rhein

Rund 22karätiges Gold kommt als seltener, disperser Sedimentanteil im Rheinschotter von Basel wie auch stromauf- und abwärts, fast ausschliesslich als sehr kleine Flitter von durchschnittlich 0,005 mg, vor. Die Blättchen sind von blossem Auge im ungewaschenen Sand kaum feststellbar, und der Mengenanteil pro Kubikmeter Kies ist extrem klein. Mittels eines Grossversuches bei Bruchhausen in Baden sind 1960 aus 50 000 m^3 Schotter 21,3 g Gold isoliert worden, was 0,5 mg (= 100 Flitter) pro Kubikmeter Kies entspricht. Infolge des hohen spezifischen Gewichtes können sich aber die Goldflitter unter bestimmten Bedingungen, wie plötzliche Abnahme der Strömungsgeschwindigkeit, in Strudellöchern usw., etwas konzentrierter ablagern und relativ angehäuft eigentliche ‹Seifen› bilden. Von dieser bekannten Erscheinung machten die Goldwäscher schon überall seit langem Gebrauch, indem sie in den Flüssen besonders nach Hochwasser in den ‹Köpfen› oder am ‹Schwanz› der frisch abgelagerten Kiesbänke ihr Waschgerät aufstellten.

Als Herkunft des Rheingolds sind aufgrund der bekannten Flussgoldfunde an der Aare (Umiken), in den beiden Emmen, in der Wigger, Fontannen, im Goldbach usw. wahrscheinlich vorwiegend Quarzgerölle und der Zement der Nagelfluh des *Napfgebietes* anzusehen; der eigentliche Ursprung der goldhaltigen Nagelfluhgerölle ist aber nicht sicher bekannt. Auf weitere mögliche Lieferungsgebiete deuten Fundstellen von gediegenem Gold im Einzugsgebiet des Rheins hin, u.a. Sedrun und vor allem das ehemalige Bergwerk ‹Goldene Sonne› am *Calanda* oberhalb Felsberg bei Chur, wo Quarz-Kalkspatgänge in Dogger-Schiefern mit z.T. 23karätigem Gold in Flittern, gelegentlich aber auch in blechartigen Aggregaten (bis zu 125 g!), zeitweise erschlossen worden sind (1809 bis 1861, gelegentlich noch später).

Dass schon vor 2000 Jahren Gold gewonnen und verarbeitet wurde, möglicherweise aus dem Rhein gewaschen, beweist u.a. der erhebliche Schmuck- und Münzfund von 1883 in der Nähe der keltischen Siedlung ‹Basel-Gasfabrik›. Wenn auch schon 1516 Kaiser Maximilian I. der Stadt Basel das Recht zum Schlagen von eigenen Goldmünzen erteilt hat, und obwohl noch von 1832 bis 1852 in Baden 157 kg Rheingold zu 42 935 Dukaten geprägt wurden, sind Basler Dukaten aus Rheingold eigener Provenienz kaum bekannt. Um 1924 hat der letzte aktive Wäscher zu Istein dieses Handwerk endgültig aufgegeben, und auch der stark steigende Goldwert in den siebziger Jahren hat ausser einigen Hobby-Wäschern und Geologen kaum jemand veranlasst, diesem nasskalten Metier in der Hoffnung nachzugehen, einmal eine eigene Münze mit dem Prägestempel DUCATUS AURI RHENANI herstellen zu können.

Die während der Jahrhunderte aus dem Rhein gewonnene Goldmenge ist, abgesehen von einer Anzahl gemeldeter Prägungsmengen, schwer abzuschätzen. Auch was die noch vorhandenen Goldvorräte betrifft, können nur vage Schätzungen gemacht werden. Nehmen wir die wenigen bekannten Durchschnittswerte des Goldgehaltes der Rheinschotter als Hochrechnungsgrundlage, so ergibt sich z.B. für das Niederterrassengebiet der Stadt Basel über 110 kg Gold, was je nach Kurswert 2–3 Mio. Franken bedeuten würde. Extrapoliert über das ganze Oberrheintal mit den enormen Schottermächtigkeiten, würde dies mehrere hundert Tonnen dieses kostbaren Edelmetales ausmachen (!), was die ungelöste Frage nach den alpinen Herkunftsorten des Goldes noch interessanter macht.

Literaturhinweise

AUF DER MAUR, F., & ANDRÉ, R. (1984): Steinreich Schweiz, Bd. 1: vom Kristallsuchen, Goldwaschen und Erzgraben. – Verlag Aare, Solothurn.

KÜNDIG, E., & DE QUERVAIN, F. (1941): Fundstellen mineralischer Rohstoffe in der Schweiz. – Geotech. Komm. Schweiz. natf. Ges.; Kümmerly & Frey, Bern.

NIGGLI, P., KÖNIGSBERGER, J., & PARKER, R.L. (1940): Die Mineralien der Schweizeralpen, Bd. 2. – Geotech. Komm. Schweiz. natf. Ges.; B. Wepf & Co., Basel.

SPYCHER, A. (1983): Rheingold – Basel und das Gold am Oberrhein. – GS-Verlag, Basel.

Die Salzproduktion von Schweizerhalle–Zinggibrunn

Unsere Abhängigkeit vom Salz als Nahrungsmittel, als Grundstoff in Gewerbe und Industrie hat auch in der Schweiz schon recht früh zur Erforschung eigener Salzlager geführt. Das einzige, dauernd betriebene Salzwerk war dasjenige von *Bex*, das seit 1554 ausgebeutet wurde, das aber trotz ansehnlicher Investitionen die Bevölkerung nicht ausreichend mit dem unentbehrlichen Rohstoff versorgen konnte. Somit waren wir gezwungen, den Salzbedarf durch Einfuhren aus dem Ausland zu decken (Burgund, Reichenhall bei Salzburg, Hall im Tirol usw.). Aus dieser Abhängigkeit der Landesversorgung entstand allmählich eine staatliche Verpflichtung, aus der sich schliesslich das Staatsmonopol ableitete. Das Salzregal ist heute in der Bundesverfassung verankert und der Handel mit Salz den Kantonen vorbehalten.

Die Entdeckung der Salzvorkommen am Rhein verdanken wir der Initiative des thüringischen Bergrates C.Ch.F. Glenck (1779–1845), der nach zahlreichen, erfolglosen Bohrungen in der ganzen Schweiz aufgrund von Hinweisen des ‹Geognosten› Peter Merian am 30. Mai 1836 beim ‹Rothus› am Rhein in 107 m Tiefe auf ein 7 m mächtiges Salzlager stiess. Nach zwei, etwa 700 m weiter östlich abgeteuften Folgebohrungen und dem Bau der nötigen technischen Einrichtungen wurde bereits am 7. Juni 1837 die erste schweizerische Saline als ‹Schweizerhalle› in Betrieb genommen. In den nachfolgenden Jahren wurden dann nach zahlreichen Versuchsbohrungen Salzlager bei Kaiseraugst, Rheinfelden, Riburg und Zurzach gefunden.

Wegen der ausländischen Konkurrenz sowie Rivalitäten zwischen Schweizerhalle und den neuen aargauischen Salinen war anfänglich dem Unternehmen nicht der erhoffte wirtschaftliche Erfolg beschieden, was Anstoss zum Kauf der bisher sich in Privatbesitz befindenden Salinen durch sämtliche Kantone (ausser Waadt) und durch Gründung der Aktiengesellschaft ‹Vereinigte Schweizerische Rheinsalinen› in Schweizerhalle führte.

Um weitere Salzreserven sicherzustellen, wurde in neuerer Zeit die Exploration aus dem Gebiet von Schweizerhalle allmählich weiter südwärts in den anschliessenden Tafeljura verlagert; hierdurch wurde ermöglicht, die Salzproduktion in die vorwiegend unüberbauten Anhöhen von Zinggibrunn, hinter dem Wartenberg, zu verlegen, um auch damit den möglichen Folgen der durch die Auslaugung bedingten Bodensenkungen zu entgehen.

Die Entstehung eines Salzlagers ist im Verlauf der geologischen Geschichte unserer Erde kein einmaliges Ereignis, doch sind bestimmte klimatische, marine und geologische Bedingungen Voraussetzung, dass es zur Salzbildung kommen kann und dass ein solches Lager im Laufe von Jahrmillionen erhalten bleibt. Nach der sogenannten ‹Barren-Theorie› entsteht eine Salzablagerung in einem meist seichten und weitgehend isolierten Meeresbecken oder Bucht ohne kontinuierlichen Wasseraustausch mit dem offenen Ozean, und zwar durch überwiegende Verdunstung, was ein heisses Klima mit wenig Niederschlag, beschränktem oder keinem Süsswasserzufluss voraussetzt. Unter diesen Bedingungen entsteht eine zunehmende Konzentration an Salzen im Meerwasser, bis schliesslich deren chemische Ausfällung einsetzt, weil der Sättigungsgrad der Löslichkeit im Meerwasser überschritten ist. Diese Ausfällung geschieht entsprechend der unterschiedlichen Löslichkeit im Wasser phasenweise: vom Kalk über Dolomit zu Gips und schliesslich zu Steinsalz. Deshalb sind Salzlager zumeist auch von Gips oder dem entwässerten Kalziumsulfat Anhydrit begleitet. Damit nun solche Gips- und Salzablagerungen erhalten bleiben, müssen sie anschlies-

Abb. 43.
Steinsalz (Bohrkerne) aus der Anhydrit-Formation (Muschelkalk); Tafeljura S Schweizerhalle. (13.10.86).

send durch weitere Sedimente überlagert und so vor der Abtragung geschützt werden. Ausschlaggebend ist schliesslich, dass die unterirdischen Salzlager nicht vorzeitig durch Grundwasser ausgelaugt werden.

Unsere Salzlager am Rhein gehören stratigraphisch der sogenannten Anhydritgruppe, d.h. dem mittleren Muschelkalk (Trias) an und sind etwa 200 Mio. Jahre alt. Erst in geologisch relativ junger Zeit, dem Tertiär, wurde das Gebiet durch Bruchtektonik in Schollen zerlegt, so dass heute das Salzlager in unterschiedlichen Tiefen anzutreffen ist.

Die Lagerstätte *Schweizerhalle–Zinggibrunn* gehört einer solchen Scholle an. Sie ist auf etwa 1×3 km erforscht, die Salzführung ist aber in ihrer genauen Ausdehnung noch nicht bekannt. Die Scholle wird beidseitig durch Verwerfung begrenzt: im NW durch die Wartenberg-Störung und im SE durch den Cholholz-Graben. Die Oberfläche der Salzschicht formt eine gegen NW geneigte Monoklinale, während die Salzbasis wellenförmig verbogen ist, wodurch sich eine unterschiedliche Mächtigkeit des Lagers ergibt. Dies dürfte sich durch primäre Unterschiede bei der Ablagerung erklären lassen.

Die Gewinnung des Salzes erfolgt in Schweizerhalle–Zinggibrunn durch Rotationsbohrungen, die je nach der strukturellen Tiefe des Lagers und der topographischen Höhe des Standortes etwa zwischen 150 und 300 m tief abgeteuft werden müssen. Die Mächtigkeit des Salzlagers, das vorwiegend aus Kochsalz (Halit) besteht, schwankt zwischen 20 und 50 m, die erforschte Ausdehnung beinhaltet Vorräte für einige Jahrhunderte. Zur Sicherung gegen Einsturz des Bohrloches wird jeweils eine Stahlverrohrung eingeführt, die vorerst zur Abdichtung streckenweise zementiert und dann auf der Höhe des Grundwasserspiegels perforiert wird. Dadurch kann das Grundwasser zum Salz herabfliessen. Bei feh-

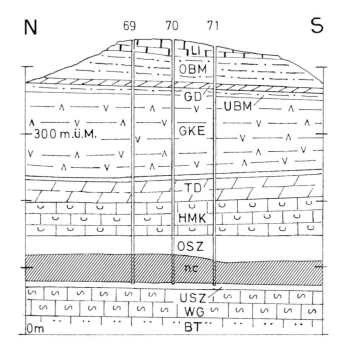

Abb. 44.
Geologisches Querprofil durch das Salzfeld Zinggibrunn.
Nach L. Hauber 1971.

LI	Lias	HMK	Hauptmuschelkalk
OBM	Obere Bunte Mergel	OSZ	Obere Sulfat-Zone
GD	Gansinger Dolomit	nc	Stein
UBM	Untere Bunte Mergel	USZ	Untere Sulfat-Zone
GKE	Gipskeuper	WG	Wellengebirge
TD	Trigonodus-Dolomit	BT	Buntsandstein

lendem Grundwasser wird Leitungswasser herabgepumpt. In der Tiefe wird nun das Salz bis zur Sättigung aufgelöst, wonach die gebildete Sole (sie enthält etwa 300 g NaCl pro Liter) durch Pumpen hochgefördert und in unterirdischen Leitungen zur Saline geführt wird. Nach der Reinigung, u.a. von unerwünschten Nebensalzen, wird die Sole zu einem Salzbrei verdampft, zentrifugiert und schliesslich vollständig getrocknet. Die Jahresproduktion der Rheinsalinen beträgt über 300 000 t, wovon die Hälfte als Industrie- und Gewerbesalz und ein Viertel der menschlichen Ernährung dient; der Rest wird in der Landwirtschaft, als Streusalz, usw. gebraucht.

Literaturhinweise

HAUBER, L. (1971): Zur Geologie des Salzfeldes Schweizerhalle-Zinggibrunn (Kt. Baselland). – Eclogae geol. Helv. *64/1*.
– (1984): Die Steinsalzvorkommen der Nordwestschweiz. – Strasse & Verkehr *5/84*.
SCHMIDT, C. (1917): Fundorte von Mineralischen Rohstoffen in der Schweiz. – Beitr. Geol. Schweiz; Geotech. Komm. Schweiz. natf. Ges.
VEREINIGTE SCHWEIZER. RHEINSALINEN (1969/71): Unser Salz.

Die Wasserversorgung der Stadt Basel

Das Trinkwasser der Stadt wird schon seit über 100 Jahren aus dem Grundwasser der *Langen Erlen* (seit 1964 durch vorfiltriertes Rheinwasser angereichert), ferner zusätzlich ab 1951 aus solchem der *Muttenzer Hard* gewonnen. Im weiteren bestehen private Grundwasserfassungen für gewerbliche Zwecke und Pumpwerke zur Industriewassergewinnung aus dem Rhein. Nur etwa 5% des etwa 40 Mio. m³ Jahresverbrauchs entstammt 40 Quellen aus dem Gebiet von *Grellingen-Angenstein*. Über 180 öffentliche Brunnen zieren das Stadtbild, einschliesslich der etwa 20 Basiliskenbrunnen (seit 1884) und einiger der ursprünglichen, ehemals an eigene Quellfassungen oder an ein Brunnwerk angeschlossenen ‹Stockbrunnen› (Brunnstock mit Röhre und Trog).

Der älteste bekannte Brunnen ist der römische, gemauerte Sodbrunnen auf dem Münsterplatz, der mit 20,1 m Tiefe bis in die Molasse hinabreichte. Frühmittelalterlich dürfte der Wasserbezug direkt aus dem Rhein, aus Quellen an den Abhängen beidseits des Birsigs, ferner vor allem im Kleinbasel aus Zisternen oder Sodbrunnen gedeckt worden sein. Schon um 1265 bemühten sich weltliche und kirchliche Behörden, um die öffentliche Wasserversorgung durch Quellfassungen an den nördlichen Abhängen des Bruederholzes und des Holees und durch Errichtung des sog. Münster- und Spalen-Brunnwerkes sicherzustellen, wobei das Wasser bis 2 km weit in Teucheln (Tücheln), d.h. ausgehöhlten Tannenstämmen, herangeleitet wurde; diese wurden ab 1824 durch eiserne Röhren ersetzt. Erst 1954 wurden die letzten öffentlichen Brunnen von den Jahrhunderte alten Brunnwerken abgetrennt und an die allgemeine Trinkwasserversorgung angeschlossen. Das St.-Alban-Brunnwerk mit seinem 138 m langen Quellfassungsstollen und einem wasserbetriebenen Pump-

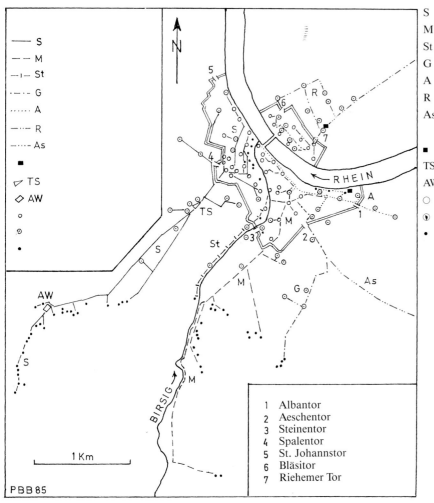

Abb. 45.
Die Wasserwerke von Basel vor und nach 1880. Nach K.A. Huber 1954.

Die Wasserversorgung der Stadt Basel

werk nebst Reservoir besteht auch heute noch, ist jedoch nicht mehr in Gebrauch. Ein über 100 m langer Quellfassungsstollen ist zurzeit beim Klosterfiechten am Bruederholz-Ostabhang noch in Betrieb.

Zur Zeit von Columbus' erster Fahrt nach Amerika waren in Grossbasel allein bereits 52 Stockbrunnen, dann 9 Lochbrunnen (Quelle in Brunnstube gefasst) und etwa 40 Sodbrunnen vorhanden. Sogar Kleinbasel wurde 1492/93 mit einem Brunnwerk versehen, wobei Riehener Quellwasser mittels einer 5,5 km langen Teuchel-Leitung herangeführt wurde. Auch in Grossbasel wurden die Brunnwerke bald durch neue Quellfassungen an den Abhängen von St. Margarethen, Binningen und um den Allschwilerweiher bereichert.

Diese für damalige Zeiten sehr fortschrittliche Wasserversorgung genügte – kaum verändert – für drei Jahrhunderte; erst der starke Bevölkerungszuwachs im 19. Jahrhundert führte zu Wassermangel (1815: 15 000, 1870: 45 000 Einwohner; 1855: ausserdem 600 Pferde und 450 Stück Gross- und Kleinvieh innerhalb der Stadtmauern). Zusätzlich kam die Seuchengefahr (1855 und 1873: Cholera; 1865 und 1898: Typhus), was eine teilweise Sanierung und Erweiterung der Wasserversorgung verlangte. Das erstere wurde durch Zuschütten der durch versickerte Abwässer verunreinigten Sodbrunnen erreicht. Eine endgültige Verbesserung in sanitärer Hinsicht wurde allerdings erst ab 1891 mit der Einführung der Kanalisation verwirklicht.

Aus verschiedenen Projekten zur Beseitigung der Wasser-

Abb. 46.　　　　　　　　　　　　　　　　　　(10.3.77)
Grundwasserschutzzone Lange Erlen beim Eglisee. Nebenbrunnen der Grundwasserfassung IV der Trinkwasserversorgung der Stadt Basel, wenige hundert Meter unterhalb der zugehörigen Wässermatte, in der periodisch vorfiltriertes Rheinwasser zur natürlichen bakteriologischen Reinigung versickert wird.

knappheit wurde 1866 das ‹Grellinger Wasserwerk› durch die private ‹Gesellschaft für Wasserversorgung der Stadt Basel› realisiert (die 1875 von der Stadt übernommen wurde), wobei Quellwasser aus dem Gebiet von Angenstein-Bärenfels, aus dem Pelzmühle- und Chaltbrunnental in einer Druckleitung in ein Reservoir aufs Bruederholz geleitet und von hier aus unfiltriert in das nun während Jahrzehnten zu erstellende Leitungsnetz gelangte. Es wurde ein Erguss von etwa 6400 m^3/Tag erwartet, d.h. mehr als dreimal soviel wie die bestehende Wasserversorgung. Hingegen scheint man keine nennenswerten Schwankungen in der Quantität und Qualität erwartet zu haben. Es zeigte sich aber, dass nach starken Regengüssen eine beträchtliche Trübung auftrat, die dann 1904–1906 zum Einbau einer biologischen Langsamfilteranlage und zum Bau eines neuen Reservoirs von 14 000 m^3 Inhalt führte.

Etwas später als das Grellinger Projekt, nämlich 1878–1882, wurde der Plan von K.L. Rütimeyer und anderen und dem Direktor des damals zuständigen Gaswerkes, R. Frey, zur Errichtung eines Grundwasser-Pumpwerkes in den Langen Erlen verwirklicht, um Kleinbasel mit einwandfreiem Trinkwasser zu beliefern. Acht Jahre später war bereits ein Zweites Pumpwerk notwendig geworden, und um die Jahrhundertwende und dann wieder nach dem Zweiten Weltkrieg folgten mehrere weitere Grundwasserfassungen. Der Zusammenhang zwischen Bewässerung der Wiesen zur Förderung des Graswachstums und gleichzeitiger *Anreicherung des Grundwassers* ist vorerst wohl zufällig erkannt worden, führte dann aber zu dem noch heute empirisch betriebenen System von zeitbegrenzter Überflutung – früher aus dem Riehenteich, seit 1964 aus dem Rhein – von eigentlichen Wässermatten und zur Speisung der davon abhängigen Grundwasserbrunnen. Durch die Versickerung durch den Humusboden des in den Schnellfilteranlagen vorgereinigten Rheinwassers gelangt dieses biochemisch bereits abgebaut in den sandig-kiesigen Schotter-Untergrund und nach nur wenigen Tagen Verweilzeit in die jeweils 200–500 m entfernten Entnahmebrunnen. Die meist mit Pappeln bepflanzten Wässermatten sind nach einer etwa dreiwöchigen Trocknungsperiode wieder regeneriert und erneut überflutbar. Leider werden in diesem wirksamen Naturfilter chemisch gelöste Stoffe in der Regel nicht zurückgehalten. So sind in den letzten Jahren lokale Grundwasserverschmutzungen aufgetreten, die zur Abschaltung der in Mitleidenschaft gezogenen Brunnen führte. Um auch in Zukunft einwandfreies Trinkwasser zu garantieren, ist als Präventivmassnahme eine weitere Reinigungsstufe, nämlich eine Aktivkohleanlage zur Behandlung des Wassers, vor Einspeisung ins Netz vorgesehen.

Von den etwa 30 Haupt- und Nebenbrunnen zwischen Landesgrenze und Eglisee gelangt das Trinkwasser in das Pumpwerk Lange Erlen, wo es mit Hardwasser gemischt, zur Sicherheit mit Chlordioxyd behandelt und Fluor zudosiert wird. Gleicherweise wird auch das Grellinger Wasser im Reservoir Bruederholz gereinigt. Muttenzer Hardwasser aus der Zentrale West bei Birsfelden wird auch in einer Zuleitung beim Viertelkreis (Dreispitz) und im Neubadquartier direkt ins Verteilernetz gepumpt. Eine Verbindung der Verteilernetze von Gross- und Kleinbasel wurde nach dem Versuch einer Verlegung im Rheinbett erst 1879 beim Bau der Wettsteinbrücke hergestellt.

Eines der ersten Druckreservoire bildete wohl der im 16. Jahrhundert gebaute Wasserturm bei St. Jakob, wobei Quellwasser durch eine vom ‹Dalbedych› getriebene Pumpenanlage ins Reservoir gehoben wurde. Neben dem Reservoir II (18 000 m^3) auf dem Bruederholz sind für die hochliegenden Wohngebiete der Stadt, wie auch für Riehen und Bettingen, mehrere separate Hochzonen mit getrennten Reservoiren und Pumpwerken nötig geworden, z.B. Wasserturm Batterie von 500 und 320 m³ Inhalt (1926), Herrenweg in Allschwil mit 20 000 m³ (1973), Wenkenhof Riehen (8000 m³), Bettingen und St. Chrischona.

Aus hydrogeologischer Sicht entstammt der Hauptteil des heutigen Basler Trinkwassers aus angereichertem *Grundwasser* aus den Schottern über den undurchlässigen Molassegesteinen in den Langen Erlen, bzw. Jura- und Triasformationen in der Hard. Die Grundwasser-Mächtigkeit schwankt in den Langen Erlen etwa zwischen 6 und 12 m – im Gebiet einer diluvialen Rheinrinne beim Eglisee erreicht sie 20 m –, wobei der durch Pumpen unbeeinflusste Grundwasserspiegel nur wenige Meter unter der Terrainoberfläche liegt. In der Muttenzer Hard beträgt die mittlere Grundwasser-Mächtigkeit 15 m bei einem Flurabstand von etwa 18 m.

Der Quellwasser-Zuschuss aus dem Gebiet südlich der Birs bei Grellingen beträgt etwa 5000–10 000 m³/Tag je nach Erguss, wobei es sich vorwiegend um *Karstwasser* des Rauracien-Korallenkalks handelt. Die Vermischung von Rhein-, Wiese- und Grellinger Wasser erfolgt zum Teil in den Reservoiren oder aber im Hauptleitungsnetz, so dass etwas verschiedene Härten je nach Stadtteil und Verbrauch auftreten. Die durchschnittliche Gesamthärte beträgt 18–23 °f (10–13 °d), im Gundeldingerquartier allerdings bis 28 °f (16 °d). Die Temperatur des je nach Jahreszeit stark unterschiedlich warmen Filtratwassers aus dem Rhein wird während der Verweilzeit in den Schottern etwas ausgeglichen. In den Langen Erlen betragen die *Durchschnittstemperaturen* des

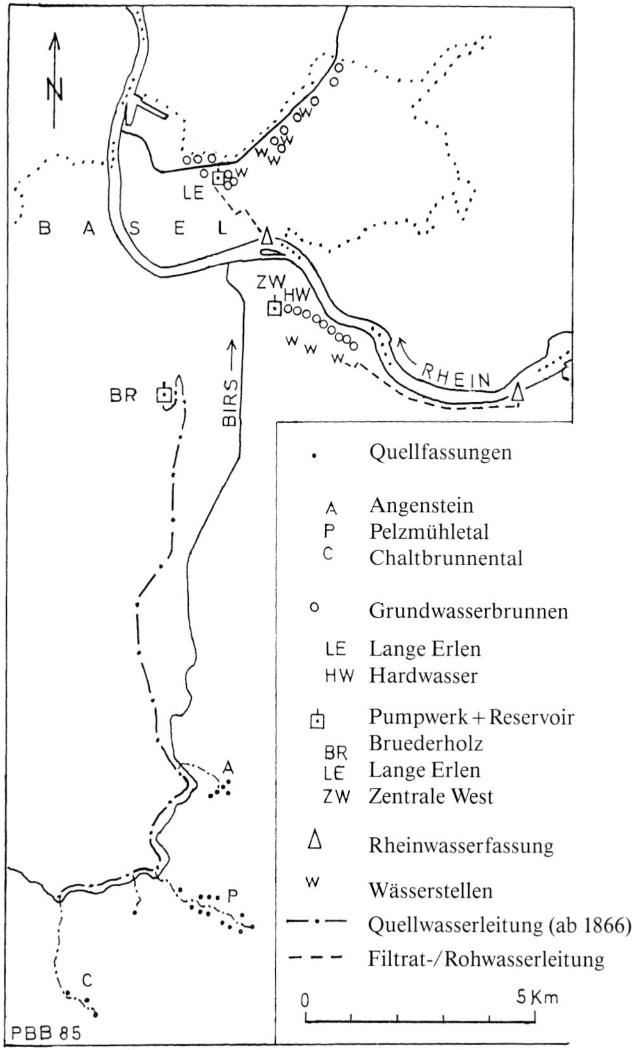

Abb. 47.
Die Trinkwasserversorgung von Basel.

Grundwassers im Frühjahr etwa 8 °C und im Herbst 14 °C, in der Hard belaufen sich die entsprechenden Werte der letzten 10 Jahre auf 7 °C bzw. 17 °C und einen Mittelwert von 11,9 °C. Von den früher benutzten Quellen innerhalb und ausserhalb des Stadtgebietes, die heute fast ausschliesslich in die Kanalisation abgeleitet werden, entspringen fast alle am Kontakt von undurchlässiger Molasse (meist Meletta-Schichten oder Cyrenenmergel) und überlagernden Schotter der Niederterrasse, Hochterrasse oder des Jüngeren Deckenschotters.

Durch das seit mehreren Jahren stattfindende Stagnieren oder Abnehmen der Stadtbevölkerung sind die früheren Prognosen des mutmasslichen Tagesbedarfes für 1990 von 280 000 m³ nicht mehr als realistisch zu betrachten, belaufen sich doch heute seltene Spitzenwerte auf nur 180 000 m³ bei einem Jahresdurchschnitt für 1984 von etwa 100 000 m³/Tag. Deshalb ist eine ins Auge gefasste weitere Grundwasser-Anreicherungsanlage bei Möhlin in nächster Zukunft wohl kaum notwendig.

Literaturhinweise

BITTERLI-BRUNNER, P. (1980): Wasser im Untergrund von Basel. – Verh. natf. Ges. Basel *89*.

BURGER, A. (1970): Brunnengeschichte der Stadt Basel. – Verkehrsverein Basel.
– (1973): Die Quellwasserversorgung im alten Basel. – Basler Stadtbuch 1973.

CASATI, A. (1958): Das Grundwasserwerk Hard (Muttenz). – Mbull. Schweiz. Ver. Gas- & Wasserfachm. *10, 11*.

HUBER, K.A. (1955): Die Basler Wasserversorgung von den Anfängen bis heute. – Basler Z. Gesch. Altertum *54*.

SCHMASSMANN, H. (1980): Hydrogeologische Randbedingungen für die künstliche Grundwasseranreicherung in Flusstälern der Nordwestschweiz. – Z. dt. geol. Ges. *131*.

SIEGFRIED, P. (1925): Das Basler Gesundungswerk. In: Basel im neuen Bund, I (Bd. 103). – Neujahrsblatt.

WIDMER, H.P. (1972): Die Stadt Basel und ihre Wasserversorgung. – Basler Stadtbuch 1972.

Das geologische Denkmal der Rheintal-Flexur beim Schänzli, Muttenz

Die Bedeutung des Denkmals

Im Verlauf von Aushubarbeiten (Anfang 1977) für einen Tunnelabschnitt der Autobahnverbindung T18 Jura–Hagnau im Gebiet von St. Jakob an der Birs sind auf der Sohle und längs der Ostseite beim ‹Schänzli› steileinfallende Kalkbänke des Hauptrogensteins (Mittlerer Dogger), die zur Rheintal-Flexur gehören, vorübergehend freigelegt worden. Über die Geologie dieser Flexur, deren Gesteinsschichten und Lagerungsverhältnisse, waren früher in der Zone zwischen der Burg Rötteln bei Lörrach und Neuewelt/Münchenstein einige wenige Aufschlüsse vorhanden, nämlich in Lörrach, am Rheinufer und beim Schänzli. Um diesen einmaligen Einblick in den Gebirgsbau der Flexur bei Basel vor der vorgesehenen Betonierung und Überdeckung zu bewahren, wurde ein 8 m breites Teilstück als Studienobjekt für zukünftige geologische Beobachtungen in einer, durch einen Schachteingang zugänglichen, Kaverne erhalten.

Zwischen Neuewelt und Schänzli verläuft die Autobahn Jura–Hagnau rechtsseitig der Birs vorerst auf Quartär- bzw. Tertiärschichten des Rheingrabens etwas westlich parallel der Flexur; das Trassee überquert dann nordwärts gegen den Tunneleingang den die Flexur begleitenden Hauptabbruch in einem spitzen Winkel und tritt hiernach auf die durch die Birs früher erodierten Schichtköpfe des Dogger über. Die konservierte Hauptrogenstein-Felswand befindet sich östlich hinter der Tunnelwand, unter der Brücke der Tramüberführung (BLT–14), zwischen Station Schänzli und Freidorf.

Das geologische Denkmal der Rheintal-Flexur

Abb. 48.
Geologisches Denkmal der Rheintal-Flexur beim Schänzli, Muttenz; Arbeiten vor dem Eindecken als Kaverne. Steil W-fallender Hauptrogenstein der Flexur. (Blick gegen Norden). Exk. 1, 2 und 17. (31.5.77).

Abb. 49.
Schänzli bei Muttenz, Denkmal-Tafel beim Schachteinstieg auf der N-Seite des Trambrückenkopfes der Linie 14 zwischen Haltestelle Schänzli und Freidorf. Exk. 1, Stop 16; Exk. 2, Stop 4; Exk. 17. (5.5.86).

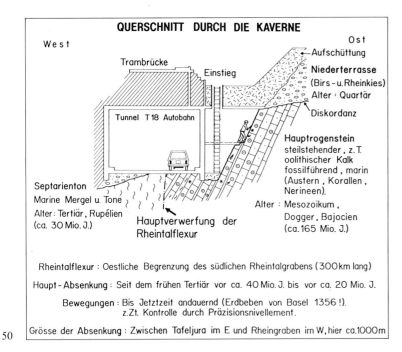

Abb. 50.
Querschnitt durch das Geologische Denkmal der Rheintal-Flexur beim Schänzli (Muttenz).

Die *Rheintal-Flexur* bildet als markante Störung die östliche Begrenzung des südlichen Rheingrabens. Während im Osten im Tafeljura die geologischen Formationen vorwiegend horizontal gelagert sind, biegen diese Schichten längs des Hauptbruches flexurartig um oder sind teilweise abgeschnitten und tauchen dann fast senkrecht in die Tiefe, um vorerst muldenartig und dann unter der Stadt wieder in flacherer Lagerung in die Grabensohle überzugehen. Die Hauptabsenkung des Rheingrabens begann im Tertiär vor etwa 40 Mio. Jahren und dauerte bis vor etwa 20 Mio. Jahren an. Schwache Bewegungen erfolgten aber sporadisch bis in die Jetztzeit, wie dies im Rheintal zahlreiche Erdbeben, u.a. dasjenige von Basel anno 1356, bestätigen. Ob sich heute noch Absenkungen nachweisen lassen und in welchem Umfang, wird durch einbetonierte Fixpunkte des Bundesamtes für Landestopographie periodisch untersucht.

Zur Entstehung des Hauptrogensteins
Von G. STRUB 1978

Der in der Kaverne sichtbare *Hauptrogenstein* besteht vorwiegend aus Kalkstein, der aus sogenannten Ooiden aufgebaut ist; er wird deshalb ‹Oolith› genannt. Ooide sind kugelige bis schwach elliptische Sedimentkörner, die aus einem Kern (Fossilbruchstück, Sandkorn usw.) und einer schaligen Hülle aus Kalk bestehen. Die mittlere Korngrösse liegt unter einem Millimeter, zwischen 250 und 750 µ. Die Ooide sind in der Regel durch Kalzit-Zement zu einem Gestein verfestigt.

Heutige Meeresgebiete der Ooidentstehung sind die Gezeitenzonen, d.h. Wassertiefen zwischen 0 und 10 m, tropische bis subtropische Flachmeergebiete; die bekanntesten Beispiele sind die Bahamas und der Persische Golf. Teilweise werden die lokal entstandenen Ooide durch Strömungen in andere Meeresgebie-

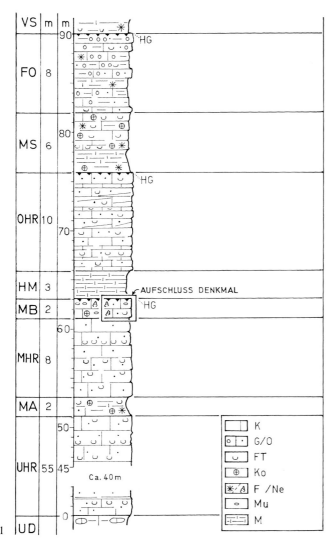

Abb. 51.
Schematisches Profil des Hauptrogensteins der Umgebung von Basel.
Nach G. STRUB 1978.

VS	Varians-Schichten	HG	Hardground
FO	Ferrugineus-Oolith	K	Kalk, dicht
MS	Movelier-Schichten	G/O	Groboolith/Oolith
OHR	Oberer Hauptrogenstein	FT	Fossilientrümmer-Kalk
HM	Homomyen-Mergel	Ko	Korallenkalk
MB	Mumien-Bank	F/Ne	Fossilien/Nerineen
MHR	Mittlerer Hauptrogenstein	Mu	Mumien
MA	Mäandrina-Schichten	M	Mergel
UHR	Unterer Hauptrogenstein		
UD	Unterer Dogger		

te von grösserer Wassertiefe verfrachtet. Schwach zementierte Oolithe zerfallen zu einem Ooid-Grus.

Die Ähnlichkeit dieser Ooide mit Fischeiern (‹Rogen›) hat zum Namen Rogenstein bzw. Hauptrogenstein geführt. Obwohl seit über 100 Jahren versucht wird, die Bildung dieser Ooide eindeutig abzuklären, ist ihre genaue Entstehung nach wie vor umstritten. Sie werden teils als rein anorganische, teils als anorganisch-organische Bildungen betrachtet. Folgende Bedingungen scheinen aber zur Entstehung der Ooide nötig zu sein: 1. Mittlere Wassertemperaturen von mindestens 20 °C. 2. Vorhandensein von Kernen, um die sich der Kalk anlagern kann. 3. Starke Wasserbewegung, die die Kerne ständig hin und her bewegt und so die Anlagerung der Kalkpartikel ermöglicht. 4. Übersättigung des Meerwassers mit gelöstem Kalk, so dass dieser überhaupt ausgefällt werden kann.

Der Hauptrogenstein ist arm an wohlerhaltenen Fossilien. Die damaligen Meeresbewohner fanden in dem stark durchbewegten Milieu der Ooidentstehung keine günstigen Lebensbedingungen vor. Der Grossteil der Schalen abgestorbener Meeresbewohner ist zerstört worden. Bruchstücke von Organismenschalen, die aber im Meer zusammengeschwemmt wurden, findet man heute in Lagen angereichert. Einen weiteren Hinweis auf starke und häufig wechselnde Strömungen gibt die Erscheinung der Diagonal- oder Schrägschichtung (Kreuzschichtung), die darauf hindeutet, dass das Sedimentmaterial kurz vor der Ablagerung aus verschiedenen Richtungen antransportiert wurde.

Der oberste Teil des Unteren Hauptrogensteins, der hier aufgeschlossen ist, ist fossilreicher als der übrige Hauptrogenstein. So finden wir Korallenbruchstücke, Nerineen (marine Schnecken) und sogenannte Mumien. In der Umgebung von Basel ist dieser oberste Teil des Unteren Hauptrogenstein als ‹Mumienbank› bekannt (Mumienbänke gibt es auch in anderen Formationen, z.B. im Sequankalk). Mumien werden durch Umwachsungen von Kernen (u.a. Fossilbruchstücke) durch Algen in schwachbewegtem, seichtem Wasser gebildet. Angenommen wird eine Wassertiefe von maximal 5 m, da die Algen viel Licht zum Gedeihen brauchen.

Nach der Ablagerung der Mumienbank folgte ein Sedimentationsunterbruch, der zur Bildung eines sog. ‹Hardground› (Verhärtungsoberfläche) führte. Bekannt sind solche Bildungen aus dem Gebiet des Persischen Golfs – in Tiefen bis zu 30 m. Aus irgendeinem Grunde wurde die Ablagerung unterbrochen, und das abgelagerte Sediment wurde zu Gestein verfestigt. In dieses Gestein bohrten dann Bohrorganismen (u.a. Bohrmuscheln) ihre Wohnhöhlen; mit Vorliebe hefteten sich auf diesem Untergrund auch Austern an. Solche Austernschalen sind neben wenigen Nerineen, Korallenresten und einigen anderen Fossilien an der erhaltenen Hauptrogensteinwand gut zu sehen.

Nach dem beschriebenen Sedimentationsunterbruch, dessen Dauer nicht bestimmt werden kann, setzte die Ablagerung der *Homomyen-Mergel* (Obere Acuminata-Schichten) ein, die hier durch den Bau der Strasse entfernt worden sind. Die aufgeschlossenen Gesteinsschichten des Denkmals sind nach neuesten Erkenntnissen 165 Mio. Jahre alt.

Da zu befürchten war, dass der frisch ausgebrochene und teilweise zerklüftete und mergelige Fels durch die Luftfeuchtigkeit und Kondensationswasser langsam verwittern und abbröckeln könnte, wurde eine Imprägnierung und langfristige Festigung des ganzen Aufschlusses (ca. 60 m^2 Gestein) mittels eines Epoxidharzes durchgeführt; hiermit ist eine andauernde Konservierung erreicht worden.

Literaturhinweise

BASELLANDSCHAFTLICHE ZEITUNG (1978): Geologisches Denkmal Schänzli. – «bz heute», 25. November 1978.
BUXTORF, A. (1907): Führer zu den Exkursionen der Deutschen Geologischen Gesellschaft, Exk. IIb. – Natf. Ges. Basel, August 1907.
– (1934): Exkursion Nr. 33, Umgebung von Basel. In: Geol. Führer Schweiz 8. Schweiz. Geol. Komm.
HAUBER, L. (1971): Bericht über die Exkursion der S.G.G. in das Gebiet der Rheintalflexur und des Tafeljuras bei Basel vom 19./20.10.70. – Eclogae geol. Helv. *64/1*.

2. Teil

Exkursionen

Itinerar

Regional-Exkursionen
1 Basel–Laufen–Basel (Faltenjura und Rheintal-Flexur)
2 Allschwil–Bruederholz–Schänzli–Burg Rötteln (Rheingraben und Flexur)
3 Muttenz–Gempen–Seewen–Dornachbrugg (Tafeljura)

Rheingraben
4 Ziegelei Allschwil–Schönenbuch–Allschwil

Faltenjura-Nordrand
5 Leymen–Mariastein–Hofstetten–Flüh
6 Witterswil–Witterswiler Berg–Grundmatt–Ettingen
7 Aesch–Pfeffingen–Tschäpperli–Aesch

Faltenjura
8 Dittinger Bergmattenhof–Brunnenberg–Chall–Bergmattenhof
9 Hofstetten–Esselgraben–Blauen–Chälengraben
10 Bergheim Blauen Reben–Blauen–Amselfels–Bergheim
11 Grellingen–Eggflue–Chessiloch–Grellingen
12 Tongruben Liesberg

Rheintal-Flexur und westlicher Tafeljura
13 Aesch–Falkenflue–Hochwald–Aesch
14 Oberdornach–Dorneck–Affolter–Oberdornach
15 Arlesheim–Schönmatt–Richenstein–Arlesheim
16 Aesch–Dornachberg–Ramstel–Gempen–Münchenstein
17 Hofmatt–Münchenstein–Gruet–Neuewelt–Schänzli

Tafeljura
18 Muttenz–Wartenberg–Zinggibrunn–Muttenz
19 Pratteln–Egglisgraben–Adlerhof–Pratteln
20 Schauenburg Bad–Christen–Schauenburgflue–Ättenberg–Schauenburg Bad
21 Orismühle–Nuglar–Abtsholz–Talacher–Nuglar
22 Büren–Bürenflue–Bürer Horn–Büren
23 Lupsingen–Remischberg–Schneematt–Chleckenberg–Lupsingen
24 Lausen–Hupper-Grube–Tenniker Flue–Schönegg–Tenniken

Einführungsbemerkungen

Abgesehen von den jeweils benötigten Karten des ‹Geologischen Atlas der Schweiz 1:25 000› (Blätter: Basel, Arlesheim, Rodersdorf, Laufen–Mümliswil) ist es empfehlenswert, die entsprechenden topographischen Blätter der Landeskarte 1:25 000 (Basel 1047, Arlesheim 1067, Rodersdorf 1066, Passwang 1087 und Sissach 1068) nach Bedarf auf den Exkursionen mitzuführen, wenn möglich die Gesamtnachführungsausgaben 1982, denn die nachfolgenden Routenbeschreibungen, Lokalnamen und Höhenpunkte basieren auf diesen Ausgaben. Das Blatt Arlesheim wird auf allen Exkursionen benötigt, ausgenommen Nr. 12 und 24. Ebenso wird für alle Exkursionen auf die stratigraphischen Übersichten verwiesen.

Es ist davon abgesehen worden, den Zeitbedarf für die einzelnen Exkursionen in Stunden anzugeben. An dessen Stelle sind die Wegdistanz und Höhendifferenz vermerkt. Der Hinweis ‹halbtägig› oder ‹ganztägig› basiert auf einer Marschgeschwindigkeit von 3 bis 3,5 km pro Stunde; pro 300 m Aufstieg wurde eine zusätzliche Stunde gerechnet. Ferner sind für jeden Orientierungshalt je 15 Minuten veranschlagt. Detailliertere Beobachtungen, lithologische Untersuchungen oder Fossilsuche benötigen naturgemäss mehr Zeit.

Vor dem Betreten von Steinbrüchen und Gruben, offensichtlichem Privatareal und Benützen von Parkplätzen versichere man sich möglichst vorausgehend einer diesbezüglichen Erlaubnis.

Was die Verpflegungsmöglichkeiten (Gaststätten) betrifft, so sind nur solche ausserorts angegeben worden.

Neben den geologischen und den topographischen Karten empfiehlt sich etwa folgende ‹Geologen-Ausrüstung›:

1. Geologenhammer, 2. Geologenkompass (oder Kompass und Neigungswinkelmesser), 3. Lupe (6–10fache Vergrösserung), 4. 10prozentige Salzsäure, 5. Notizmaterial (Feldbuch). Ferner leisten gute Dienste: Höhenmesser, Meter oder Messband (für Profilaufnahmen), Photoapparat.

Im Hinblick auf die Vielfältigkeit und die Anzahl der angeführten Exkursionen empfiehlt es sich, bei der Auswahl vorerst die beigelegte Exkursionsroutenkarte und die Tabelle der Exkursionsziele bzw. -schwerpunkte zu konsultieren (s. Tab. 2). Dabei wäre zu entscheiden, ob eine Übersicht über die ganze Region erwünscht ist oder ob detailliertere Beobachtungen in einem der unterschiedenen Strukturabschnitte in Frage kommen. Auch ist die Kombination von mehreren Exkursionen denkbar; so lässt sich z.B. Nr. 9 und 10 zu einem ganztägigen Ausflug zusammenhängen. Ebenso können die Exkursionen anhand der Tabelle nach stratigraphischen Gesichtspunkten gewählt werden, wobei dann allerdings meist ein eigenes Fahrzeug nötig ist.

Für Erläuterungen und Definitionen von geologischen Fachausdrücken wird auf das Glossar (s. Anhang) verwiesen.

Die in den Profilen und Skizzen verwendeten Abkürzungen von Formationsnamen und der Symbole sind aus der Standardlegende ersichtlich.

Für Literaturhinweise siehe Anhang.

Im Text verwendete Abkürzungen:
N = Norden, nördlich, E = Osten, östlich, S = Süden, südlich, W = Westen, westlich, LK = Landeskarte 1:25 000, WW = Wegweiser, P = Parkierungsmöglichkeit, BVB = Basler Verkehrs-Betriebe, BLT = Baselland Transport AG.

EXKURSIONS-NR.	1	2	3	4	5	6	7	8	9	10	11	12	13	14	15	16	17	18	19	20	21	22	23	24
Quartär	+	+	+	+		+		+		+	+		+	+		+		+				+	●	
Terrassenschotter	+	+	+	●								+	+	+		+	+	+	+					
Wanderblock-Formation					+								+		+							+		
Miocaen																								●
Elsässer Molasse			+										+											
Septarien-Ton	+	+		●																				
Meeressand			+		+	●	+			+				+		+								
Sannoisien						+							+											
Eocaen				+	+	●							+											●
Malmkalk/"Argovien"	+		+	+	+	+	+	+	●	+	+	+	+	+	+	+				+	+	●	+	
Liesberg-Schichten	+			+	●							●												
Oxford-Mergel			+					+				+	+		+					+		+		
Callovien				+	+		+	●		+	+	+			+			+			+		+	
Varians-Schichten						+				+	+		+						+			+		
Ferrugineus-Oolith		+				+	+	+		●		+	+	+	+				+	●		+	+	
Hauptrogenstein	+	+	+				+	●	+	+	+	+	+	+	●	+	+	+	+	+	●	+	●	+
Unterer Dogger	+	+						+	+							+	+	+	+	●	+			+
Opalinus-Ton				●										+										
Lias				+													+	+	●					
Keuper				+													●	+	+					
Muschelkalk		+	+														+							
Rheingraben	+	+		●			+																	
Faltenjura	●								+		+	+												
Landskron-Kette	+				●	+																		
Blauen-Antiklinale	+						+	+	+	●	+		+											
Rheintal-Flexur	●	●	+										+	+	+	+	●							
Tafeljura		●											+		+	●		+	+	+	+	+	+	+
Gräben			+	+									●	+	●	+		●	+	●	+	●	+	+
Adlerhof-Struktur			+														+		●					
Querverwerfung	+	+			+	+		+		+				+	+	+	+			+		●		
Längsstörung	+						+	+	+		+		+	+										
Auf-/Überschiebung				+					+				+											

Tabelle 2.
Exkursionsziele (+) und Schwerpunkte (●).

Standardlegende

Abkürzungen der in den Abbildungen verwendeten Formationsnamen usw. (in stratigraphischer Reihenfolge).

L	Löss	OX	Oxfordien	UHR	Unterer Hauptrogenstein
LL	Lösslehm	SQ	‹Séquanien›	MA	Mäandrina-Schichten
SL	Schwemmlehm	NS	Natica-Schichten	UD	Unterer Dogger
NF	Nagelfluh	VK	Vorbourg-Kalke	BS	Blagdeni-Schichten
BG	Bergsturz- und Gehängeschutt	RC	‹Rauracien›	SS	Sauzei-Schichten
NT	Niederterrasse	KK	Korallenkalk	OT	Opalinus-Ton
HT	Hochterrasse	LS	Liesberg-Schichten	LI	Lias
RM	Riss-Moräne	AG	‹Argovien›		
JD	Jüngerer Deckenschotter	OM	Oxford-Mergel	KE	Keuper
ÄD	Älterer Deckenschotter	TC	Terrain à chailles	OBM	Obere Bunte Mergel
SuS	Sundgau-Schotter	RT	Renggeri-Ton	GD	Gansinger Dolomit (Hauptsteinmergel)
WB	Wanderblock-Formation	CV	Callovien	SST	Schilfsandstein
JN	Juranagelfluh	AA	Anceps-Athleta-Schichten	UBM	Untere Bunte Mergel
TM	Tenniker Muschelagglomerat	DN	Dalle nacrée	GKE	Gipskeuper
TS	Tüllinger Schichten	CT	Callovien-Ton	MK	Muschelkalk
EM	Elsässer Molasse	MC	Macrocephalus-Schichten	TD	Trigonodus-Dolomit
ST	Septarien-Ton (Meletta-Schichten)	BT	Bathonien	AH	Anhydritgruppe
		VS	Varians-Schichten	OSZ	Obere Sulfatzone
RU	Rupélien	HR	Hauptrogenstein	USZ	Untere Sulfatzone
MeS	‹Meeressand›	FO	Ferrugineus-Oolith	WG	Wellengebirge
SA	Sannoisien	MS	Movelier-Schichten	BT	Buntsandstein
E	Eocaen (Siderolithikum)	OHR	Oberer Hauptrogenstein		
		HM	Homomyen-Mergel (Obere Acuminata-Schichten)	RL	Rotliegendes
				GB	Grundgebirge
		MHR	Mittlerer Hauptrogenstein		
		MB	Mumienbank		

Standardlegende
Lithologische und paläontologische Signaturen, Symbole und Abkürzungen

K	Kalk	
Ks	schräggeschichteter Kalk	
O	Oolith	
G	Groboolith	
Mu	Mumienkalk	
E	Eisenoolith	
Bk / Sk	Bioklastischer Kalk	
FT	Fossilientrümmer-Kalk	
Ko	Korallenkalk	
Mk	Mergelkalk	
M	Mergel	
T	Ton	
S	Sand	
St	Sandstein	
D	Dolomit	
Kn	Knauer	
ah/gi	Anhydrit/Gips	
nc	Steinsalz	

F	Fossilien
	Korallen
	Echinodermen (Crinoiden)
	Gastropoden
	Muscheln, Austern
	Bryozoen
	Brachiopoden
	Belemniten
R	Rhynchonellen
N	Natica
Ne	Nerineen
La	Laterit, Residualbildung
Sch	Schotter
Kg	Konglomerat
Fs	Fressspuren
Ws	Wurmspuren
HG	Hardground
V	Verwerfung, Bruch
RA	Randüberschiebung

Regional-Exkursionen

Die ersten drei Exkursionen sind als geologisch-tektonische Übersichtsausflüge gedacht. Sie sollen die wichtigsten, leicht zugänglichen stratigraphischen Aufschlüsse und tektonischen Beobachtungspunkte von grösserer Bedeutung in der näheren Umgebung von Basel bekanntmachen.

Auf der ersten Exkursion (1) erhalten wir einen Einblick in den tertiären Untergrund (Septarien-Ton = Meletta-Schichten, Rupélien) der Stadt und dessen Überlagerung durch quartäre Schotter in den aufgelassenen Tongruben der früheren Ziegeleien von Allschwil. Auf der anschliessenden Fahrt über den Blauen (Chall) bis Laufen und der Birs entlang zurück nach Basel studieren wir Stratigraphie und Tektonik des Faltenjuras und der Rheintal-Flexur.

Auf der zweiten Fahrt (2) gewinnen wir von der Batterie (Wasserturm) aus einen Überblick über das SE-Ende des Rheingrabens und dessen Umrandung, dann besichtigen wir beim Schänzli («Geologisches Denkmal»), am Hörnli und bei der Burg Rötteln die verschiedenen, abtauchenden Schichten der Rheintal-Flexur.

Die dritte Auto-Exkursion (3) ist schliesslich der Stratigraphie und Tektonik des Tafeljuras und an einer Stelle dem Rand des überschobenen Faltenjuras gewidmet.

Einige der auf den Auto-Exkursionen vorgesehenen Stops sind auch als Halte bei den Fusswanderungs-Exkursionen vorgesehen, z.B. die Tongruben Allschwil. Hieraus ergibt sich, dass diese Autostops auch anlässlich einer Fussexkursion besucht werden können. Die Exkursionen Nr. 1 und 3 beinhalten sowohl ein Übersichts- als auch ein Auswahlprogramm von lohnenswerten Einzelzielen. Für eine längere Verweilzeit an allen den jeweils vorgesehenen Halten dürfte die Zeit kaum ausreichen. Es empfiehlt sich deshalb – je nach Neigung und Wunsch –, sich von vornherein auf eine Auswahl der angegebenen Stops zu beschränken.

Exkursion 1
Basel–Laufen–Basel

Ziel	*SE Rheingraben, N Faltenjura, Rheintal-Flexur*
Start/Anfahrt	Basel-W
Exkursionsart	Auto-Exkursion, ca. 65 km (streckenweise durch Frankreich)
Ende/Rückfahrt	Basel-E
Dauer	Ganztägig
Route	Alte Ziegelei Allschwil, Binningerstrasse–Allschwil–Neuwiller–Biel–Benken–Leymen–Flüh–Hofstetten–Metzerlen–Felsplatte–Chall–Hinter Forst–Röschenz–Laufen–Schachlete–Zwingen–Grellingen–Angenstein–Dornach–Arlesheim–Münchenstein–Muttenz–St. Jakob
Stratigraphie	Nieder- und Hochterrasse, Jüngerer Deckenschotter, Elsässer Molasse, Meletta-Schichten, ‹Meeressand›, Eocaen, Oxfordien (inkl. Liesberg-Schichten), Callovien, Hauptrogenstein, Unterer Dogger
Tektonik	SE-Teil des Rheingrabens, Landskron-Kette, Landskron-Verwerfung, Hofstetter Mulde, Blauen-Antiklinale, Längsstörungen, Rheintal-Flexur
Hydrogeologie	Diverse Quellgebiete, Grundwasserversorgung im Birstal
Ur- und Frühgeschichte	Diverse prähistorische und römische Fundstellen (s. geol. Karte).
Diverses	Altquartäre Sackungen, Bergstürze, Rutschungen, Bohrungen
Karten	Geol. Atlas 1:25 000, Bl. Basel, Arlesheim, Rodersdorf, Laufen–Mümliswil; LK 1:25 000, Bl. 1047, 1066, 1067, 1086, 1087; LK 1:50 000, Bl. 213, 223
Literatur	BITTERLI-BRUNNER (1945, 1982), BRIANZA et al. (1983), FISCHER (1965, 1969a), HERZOG (1956), LAUBSCHER (1967, 1982)[6].

---

[6] siehe Literaturhinweise im Anhang.

Beschreibung

Stop 1 (km 0): Auf Wunsch kurzer Besuch der alten Ton-Gruben der *Ziegeleien von Allschwil,* Eingang Binningerstrasse, gegenüber BP-Garage ‹Zur Ziegelei›. Beschreibung s. Exkursion 4 (P im Areal).

Weiterfahrt Richtung Allschwil bis Baslerstrasse (BVB–6), dann links bis Endstation (Dorfzentrum), hierauf nach Neuwiller (WW). Durch die im Löss eingeschnittene ‹Hohli Gass› erreichen wir über Jüngeren Deckenschotter (nicht aufgeschlossen) die lehmbedeckte Anhöhe Pt. 351 (Zoll km 3,5); von hier W der Strasse und bis 40 m höherer Hügelzug des Älteren Deckenschotters. In Neuwiller Richtung Biel-Benken weiterfahren. Am S Dorfausgang wurde 1969 eine Thermalwasserbohrung mit dem Ziel Hauptrogenstein abgeteuft, der aber in 1000 m Tiefe durch eine Störung bis auf etwa 20 m reduziert war, so dass die Bohrung bei 1063,4 m Tiefe eingestellt wurde. Der Zufluss eines etwas mineralisierten Wassers von 34 °C war mit etwa 1 l/sec entsprechend gering. Als zweiter Versuch wurde 1979 nur 1 km NW von Leymen eine neue Thermalwasserbohrung niedergebracht (Endtiefe 1155 m), die aber mit Ausnahme eines Zuflusses von 5 l/sec aus der Elsässer Molasse kein Thermalwasser aus dem Malmkalk oder dem Hauptrogenstein erbrachte; hingegen wurde ein hoher Temperaturgradient von 3,8° pro 100 m ermittelt.

Seit dem Dorfzentrum von Allschwil befinden wir uns bereits im Graben von Wolschwiller, dessen E Randverwerfung sich oberflächlich hier bei Benken kaum eindeutig feststellen lässt, die aber möglicherweise mit der bemerkenswerten Landskron-Verwerfung in Verbindung steht.

Nach dem Zoll, im Abhang gegen Biel-Benken, Elsässer Molasse, hier den N-Rand des Birsigtals bildend. Am Dorfausgang von Benken nach W Richtung Leymen (Zoll Benken km 7,5). In Leymen Dorfmitte bei ‹Mairie-Ecole› erst links und nach 100 m rechts ab zur Kirche, dahinter P.

Stop 2 (km 11): *Alter Steinbruch Leymen.* Lehmbedeckter Malmkalk-Blockschutt (alte Sackung vom W-Ende der Landskron-Kette). In gleicher Richtung bis Hauptstrasse, dann links (WW Mariastein) und Anstieg bis BLT–10-Station Leymen; Gleis überqueren und Richtung (WW) Château du Landskron bis 50 m nach Kapelle, Einfahrt Steinbruch.

Stop 3 (km 12): Malm-Profil im *Steinbruch Landskronberg,* Landskron-Verwerfung. Beschreibung s. Exkursion 5. Zurück zur BLT-Station Leymen und weiter nach Flüh (Zoll).

Stop 4 (km 14): Alter *Steinbruch Flüh* bei der BLT-Station. Zerklüfteter, tektonisch stark beanspruchter, steilstehender Malmkalk (Rauracien-Korallenkalk) des N-Schenkels der Landskron-Kette. Weiterfahrt nach Hofstetten durch die bis ins Callovien erodierte, durch Querbrüche vorbestimmte Klus mit dem im E im Malmkalk geschlossenen Gewölbe. Im W Dorfteil von Hofstetten festgestellte Rupélien-Sedimente (Septarien-Ton, Fischschiefer) weisen auf S Fortsetzung des tertiären Rheingraben-Meeres hin. Abzweigung nach W Richtung Laufen/Metzerlen durch die Hofstetter Mulde bis Strassenknoten N Rotberg.

Stop 5 (km 18,5), P: Fussmarsch etwa 500 m bis zur *Burg Rotberg,* die auf dem steileinfallenden, durch Querstörungen unterbrochenen Rauracienkalk-N-Schenkels der Blauen-Antiklinale steht. Im W Oxford-Mergel/Callovien-Combe; im E Unterbruch des Malmkalk-N-Schenkels durch Bergsturz; im S der Burg versackter Hauptrogenstein.

Weiterfahrt über Metzerlen (Atlasblatt Rodersdorf) bis:

Stop 6 (km 22), *Felsplatte,* P: Bereits während der Anfahrt haben wir eine beträchtliche Längsstörung (Felsplatten-Aufschiebung) überquert, die auch für das Versacken und Abstürzen grösserer Massen des N-Schenkels verantwortlich ist. Direkt vor der Strassenkurve zieht die Blauen-Störung durch, an der Unterer Dogger (Blagdeni-Schichten in der Strassenkurve) des Gewölbes auf Hauptrogenstein des N-Schenkels (Felsplatten-Aussichtskanzel) aufgeschoben ist. Aussicht auf den steilstehenden Malmkalk-N-Schenkel von Burg und ins Sundgau. Bis zur Challhöchi durchqueren wir den flachen Hauptrogenstein-Gewölbescheitel.

Stop 7 (km 23), *Challpass,* P: Direkt auf der Passhöhe durchzieht die Chall-Brunnenberg-Längsstörung das Blauen-Gewölbe, das sich von hier aus noch weitere 5 km nach WSW fortsetzt: Die Verwerfung versetzt hier Callovien-Ton im N gegen mittleren Hauptrogenstein im S. Längs der Strasse abwärts sind fossilreiche Homomyen-Mergel aufgeschlossen (gutes Hauptrogenstein-Profil, Achtung Verkehr!). Auf der Fahrt südwärts durchqueren wir die flache Oxford-Mergel-Combe, dann Rauracien-Korallenkalk und gelangen beim Austritt aus dem Wald in die Sequankalke.

Stop 8 (km 25), *TCS-Rastplatz,* P: Mumienkalk links und rechts an der Strasse beim Austritt aus dem Wald. Flach einfallender S-Schenkel der Blauen-Antiklinale zum Laufen-Becken. Weiterfahrt 1200 m bis Pt. 526 und scharf NNW-wärts via Cholholz–Forstweid–Sänteberg–Pt. 613.

Stop 9 (km 30), *Forstberg,* etwa 100 m mächtiges ‹Unt. Séquanien-Rauracien›-Profil: Von Pt. 613 P aus nordwärts längs des Waldwegs Natica-Schichten, Vorbourg-Kalke, Rauracien-Korallenkalk und Liesberg-Schichten. Zurück nach Pt. 613 und zur Landstrasse. Via Röschenz nach Laufen und nach links Richtung Basel bis Restaurant Lochbrugg (km 37,5). Links ab (WW Spital), nach 100 m rechts ab (WW Natursteinwerk AG). Im engen Schachlete-Tal sind heute einige Steinbrüche in Betrieb, die vorwiegend Bänke des mittleren «Séquanien» für Mauersteine und Steinmetzarbeiten abbauen. Etwa 1 km von der Landstrasse entfernt und etwa 100 m vor dem grossen Bruch Natursteinwerk AG, A. & L. Cueni:

Stop 10 (km 38,5) *Steinbruch Schachlete,* P; J. Jermann & P. Schmidlin, Dittingen: Stratigraphisches Detailprofil des hier

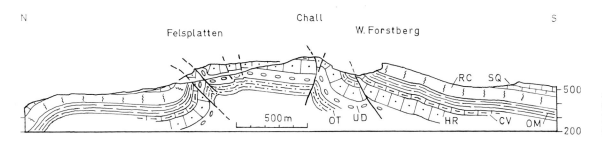

Abb. 52.
Geologisches Querprofil durch die Blauen-Antiklinale bei Felsplatten-Challhöchi. Nach H. FISCHER 1965.

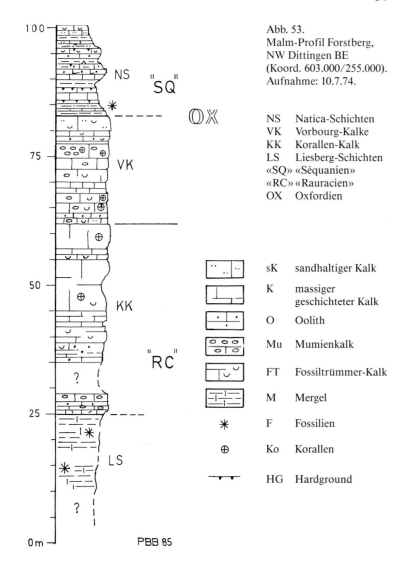

Abb. 53.
Malm-Profil Forstberg,
NW Dittingen BE
(Koord. 603.000/255.000).
Aufnahme: 10.7.74.

NS   Natica-Schichten
VK   Vorbourg-Kalke
KK   Korallen-Kalk
LS   Liesberg-Schichten
«SQ» «Séquanien»
«RC» «Rauracien»
OX   Oxfordien

sK   sandhaltiger Kalk
K   massiger geschichteter Kalk
O   Oolith
Mu   Mumienkalk
FT   Fossiltrümmer-Kalk
M   Mergel
F   Fossilien
Ko   Korallen
HG   Hardground

abgebauten Sequankalkes. Zurück zur Landstrasse und über Zwingen bis Chessiloch (km 45). Hier durchbricht die Birs den Malmkalk-S-Schenkel der Blauen-Antiklinale und tritt in den bis auf den Unteren Dogger erodierten, nach SE abtauchenden Gewölbekern bei Grellingen über (Ziel der Exk. 11). Im E wird der «Erosionszirkus» von den flachliegenden Flühen des Hutzme und der Falkenflue abgeschlossen, die bereits zum Tafeljura gehören. Von der Kirche Grellingen an verläuft die Strasse am Fuss eines Steilhanges aus Hauptrogenstein, den wir im nächsten Steinbruch beobachten können.

Stop 11 (km 49), *Schlossgraben*, 🅿 (Vorsicht beim Überqueren der Strasse): Der hier ziemlich flachliegende Hauptrogenstein befindet sich nur wenig südlich des steilen N-Schenkels, der seinerseits von der Schlossgraben-Störung gegen den Malmkalk der Ruine Pfeffingen abgeschnitten wird. Diese Störung lässt sich ostwärts bis zur Falkenflue, also in den Tafeljura, verfolgen. Vom Steinbruch aus Weiterfahrt. Es verlaufen die Strasse und die Birs NE-wärts im Streichen der Rheintal-Flexur, deren Malmkalk-Platte bei Angenstein durchbrochen wird. Hier überqueren wir die alte Steinbrücke und gelangen auf das rechte Birsufer, dem wir etwa 50 m in Richtung SBB-Station Aesch bis zur Parkierungsmöglichkeit entlangfahren.

Stop 12 (km 51), *Angenstein*, 🅿: Zu Fuss besichtigen wir den Malmkalk beidseits der Steinbrücke und die Birs-Hochterrasse hinter dem Schloss Angenstein. Weiterfahrt über die Stahlbrücke vor der Station Aesch und dann bis Dornach über die ausgeprägte Steilstufe (Terrassenrand) der Hochterrasse hinauf. Nach der Kirche auf der Dorfstrasse erst links und nach etwa 50 m nach rechts den Schlossweg aufwärts bis zum Schloss Dorneck und Restaurant Schlosshof.

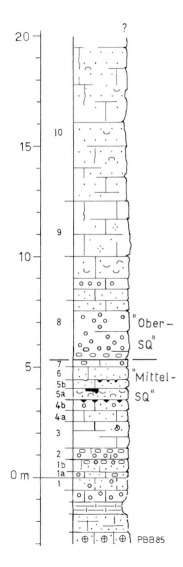

Abb. 54.
Stratigraphisches Profil des Sequankalkes, Steinbruch J. Jermann & P. Schmidlin, Schachlete (Laufen).
Aufnahmen: 14.8.74 und 7.3.77.

Steinmetz-Bezeichnungen der Lager

10	Terrazzo
9	Terrazzo
8	Wilde Bank
7	Feuerstein-Bank
6	Obere Ruche Bank
5b	Mittlere Ruche Bank mit «Gänsefüessli-Bank» (= Wurmspuren an der Oberfläche)
5a	Untere Ruche Bank (verkarstet, mit Bolus)
4b	Weisse Bank (lokal mit Austern = «Ofeküechli-Bank»)
4a	Weisse Bank (untere)
3	Dicke Bank
2	Sand-Bank
1b	Spryssige Bank (obere)
1a	Spryssige Bank (= Lederbänkli)
	– – – – – – – Steinbruchsohle
1	Gelbe Bank

	K	Dichter Kalk
	O	Oolith
	G	Groboolith-Onkooid
	Mu	Mumienkalk
	FT	Fossiltrümmer-Kalk
	Ko	Korallenkalk
	M	Mergel

Stop 13 (km 55), *Dorneck*, Ⓟ beim Restaurant: Besichtigung des gestörten Malmkalkes der Rheintal-Flexur. Aussicht auf die Umrandung des SE-Endes des Rheingrabens. Rückfahrt abwärts etwa 500 m, dann scharf nach rechts, WW Arlesheim, wo wir etwa nach 2 km auf die Hauptstrasse nach Basel treffen. Von dem durchquerten Bergsturzgebiet – auf dem u.a. das Goetheanum steht – und dem darunterliegenden Tertiär (Elsässer Molasse) ist nur in temporären Baugruben etwas zu sehen. Fahrt durch die Bucht von Arlesheim nach Münchenstein bis zum Parkplatz rechts an der Strasse nach der Kirche (s. Exk. 17 und Abb. 57, Profil f).

Stop 14 (km 59,5), *Münchenstein*, Ⓟ: Bei der Einmündung des Gruthweges in die Hauptstrasse, auf der E-Seite, Rauracien-Korallenkalk der Rheintal-Flexur als Hausfundament. Besichtigung der Ruine, die ebenfalls auf tektonisch stark beanspruchtem Korallenkalk steht. Weiterfahrt bis zur Birsbrücke.

Stop 15 (km 60), *Hofmatt*, Ⓟ beim Restaurant: Steil W-fallender Hauptrogenstein der Rheintal-Flexur auf der linken Birsseite – stromabwärts – am Brückenkopf (s. Exk. 17). Die Exkursion kann hier abgebrochen werden.

Falls Besichtigung des ‹Geologischen Denkmals› beim Schänzli vorgesehen ist, Weiterfahrt Richtung Basel bis Abzweigung Muttenz nach rechts. Nach 1100 m (Überquerung des Birstals und der Autobahn T18) in die Reichensteinerstrasse nach links einbiegen, bis zum Tram BLT-14 und diesem entlang nach links die Höhlebachstrasse hinunter bis zum Hotel Schänzli. Etwa 100 m weiter rechts auf der Birsstrasse parkieren.

Abb. 55.
Schachlete, N Laufen, Steinbruch Jermann & Schmidlin. Sequankalk (Oberes Oxfordien). Exk. 1. (22.7.74).

Abb. 56.
Ruine Münchenstein, S-Seite. Nach W (links) einfallender, klotziger Rauracien-Korallenkalk; nördlichster Malmkalk-Aufschluss der Rheintal-Flexur. Exk. 17. (13.2.86).

Stop 16 (km 64), *Denkmal Schänzli,* P: Durchgang zur Einstellhalle und Wohnungen ‹Im Schänzli›. Von der Vorhalle zwei Zementtreppen hoch und nach links zum Schachteinstieg auf der N-Seite der ehemaligen Tramhaltestelle BLT–14 ‹Hagnau› bei Bronzetafel ‹Geologisches Denkmal der Rheintalflexur›[7].

[7] Der Besuch des «Geologischen Denkmals» erfolgt nach Öffnen eines Dolendeckels (Schlüssel im Geologischen Institut, Bernoullianum, Bernoullistrasse 32, 4056 Basel) durch Einstieg in die ca. 8 m tiefe Kaverne, empfehlenswerterweise in Gruppen von einigen bis max. 30 Personen, wobei immer eine Person zur Überwachung am Einstieg verbleibt. Rauchen und Abschlagen von Handstücken ist zu unterlassen. Beleuchtung wieder ausschalten.

Exkursion 2
Allschwil–Bruederholz–
Schänzli–Burg Rötteln

Ziel	*Geologisch-tektonische Übersicht und Rheintal-Flexur bei Basel*
Start/Anfahrt	Basel-W
Exkursionsart	Auto-Exkursion, ca. 30 km (teilweise in Deutschland)
Ende/Rückfahrt	Lörrach (Rötteln)–Basel
Dauer	Ganztägig
Route	Alte Ziegeleien Allschwil–Dorenbachviadukt–Pt. 281–Batterieweg–Pt. 338–Wasserturm–Pt. 366–Peter-Ochs-Strasse–Hechtliacker–Bettlerhöhle–Dreispitz–St. Jakob–Geol. Denkmal Schänzli–Birsfelden–Grenzacher Hörnli–Riehen–Lörrach–Burg Rötteln
Stratigraphie	Nieder- und Hochterrasse, Jüng. Deckenschotter, Löss, Meletta-Schichten, ‹Meeressand›, Hauptrogenstein, Muschelkalk.
Tektonik	Übersicht SE-Ecke des Rheingrabens, Rheintal-Flexur
Hydrogeologie	Wasserversorgung von Basel, Grundwasserfassungen, Quellen
Ur- und Frühgeschichte	Prähistorische Station Bettlerhöhle, keltische und römische Fundstellen
Diverses	Transgression des ‹Meeressandes›
Verpflegung	Burg Rötteln, Burgschenke
Karten	Geol. Atlas 1:25 000, Bl. Basel, Arlesheim; LK 1:25 000, Bl. 1047, 1067; LK 1:50 000, Bl. 213.
Literatur	BUXTORF, A. (1912): Dogger und Meeressand am Röttler Schloss bei Basel. – Mitt. Grossh. Bad. geol. Landesanst. *7/1*. LAUBSCHER, H. (1967): Exkursion Nr. 27 Basel-Frick. – Geol. Führer Schweiz *6*. WITTMANN, O. (1953): Zur Stratigraphie und Bildungsgeschichte der Meeressandbildungen entlang der Rheintalflexur bei Lörrach. – Jber. Mitt. Oberrh. Geol. Ver. *33/1951*.

Beschreibung

Stop 1 (km 0), *Ziegelei Allschwil*, Ⓟ im Areal: Besichtigung der früheren Tongruben (Meletta-Schichten, Jüngerer Deckenschotter, Löss) gemäss Programm Exkursion 4.

Fahrt ostwärts auf der Niederterrasse (Kote 280 m) längs Neuweilerstrasse bis Neuweilerplatz, dann halbrechts Holeestrasse und über Dorenbachviadukt. Die St.-Margarethen-Kirche steht auf Hochterrasse (Pt. 306.5). Weiter längs Gundeldingerstrasse bis Pt. 281, rechts ab Unterer Batterieweg aufwärts aufs Bruederholz. Rechts Kunsteisbahn, die an dem heute praktisch völlig überbauten, zu Rutschungen neigenden N-Abhang des Bruederholzes errichtet worden ist. Dieser Hügelzug ist aus Cyrenenmergeln und Sandsteinen der Elsässer Molasse (Chattien) aufgebaut, die im W, im Birsigtal, durch den Septarien-Ton (Meletta-Schichten, Rupélien) unterlagert und längs des E-Randes von Tüllinger Schichten (Oberer Chattien) überlagert werden. Auf etwa 290 m Höhe ist die Molasse des Bruederholzes von den bis 20 m mächtigen, teilweise etwas Grundwasser führenden Hochterrassen-Schottern bedeckt, die hier am N-Rand vorwiegend aus grauen alpinen Geröllen bestehen, während diese weiter S beidseitig des Birstals fast ausschliesslich aus hellgelblichen Birsgeröllen (Juragesteine) zusammengesetzt sind.

Weiterfahrt zur Bruderholzallee bis Pt. 338 (Rest. Bruderholz). Von hier aus verläuft etwa hangparallel die Terrassenstufe des Jüngeren Deckenschotter (früher sichtbar hinter Haus Nr. 88), die wir aufwärts auf dem Oberen Batterieweg durchqueren. Via Batterie zum

Stop 2 (km 5,5), *Wasserturm*, Pt. 366, rechts längs der Reservoirstrasse Ⓟ: Von der durch 20–40 m Löss/Lösslehm bedeckten Hochfläche des Bruederholzes geniessen wir bei klarer Sicht vom Wasserturm (Hochzonen-Reservoir) aus eine gute Übersicht über das SE-Ende des Rheingrabens und die umrahmenden Höhenzüge. In NNW Richtung erstreckt sich die etwa 30 km breite Oberrheinische Tiefebene mit beträchtlichen Schotterablagerungen der Würm-Eiszeit beidseits des Rheins als jüngstes Auffüllmaterial des seit dem späten Eocaen zwischen Vogesen und Schwarzwald einsinkenden Rheingrabens. Im N erheben sich der badische Blauen, Belchen und Feldberg als stark erodierte Überreste des aus kristallinen (Schwarzwald-Granit und Gneis) und paläozoischen Gesteinen bestehenden variscischen Gebirges, gegen W abgesetzt durch die östliche Hauptverwerfung, wobei sich gegen den eigentlichen Rheingraben hin die sogenannte Vorbergzone als Bruchstufe abzeichnet (Malmkalk-Scholle des Isteinerklotzes). Als S Verlängerung der grossen Randverwerfung zieht sich die Rheintal-Flexur von Rötteln über Lörrach–Grenzacher Hörnli–Birsfelden–Arlesheim bis Aesch, wo sie bei der Ruine Pfeffingen in den um etwa 90° abgewinkelten Malmkalk-N-Schenkel der Blauen-Antiklinale praktisch bruchlos übergeht. E der Rheintal-Flexur dehnt sich als Sedimentmantel des abtauchenden Schwarzwaldes die Horst/Graben-Landschaft (Dinkelberg-Tafeljura) aus, von der im E die Hauptrogenstein-Scholle des Wartenberg-Grabens über der Rütihard, rechts davon das Dogger-Plateau von Schönmatt und im SE der Korallenkalk-Klotz der Schartenflue (Gempenstollen) herausragen. Gegen S wird der Rheingraben durch die Landskron-Kette abgeschlossen, die der stark herausgepressten Blauen-Antiklinale vorgelagert ist. Diese Juraketten sind, zusammen mit der Bürgerwald-Antiklinale im SW, girlandenartig zwischen der Ajoie und dem Tafeljura in den palaeogenen Rheingraben vorgebrandet.

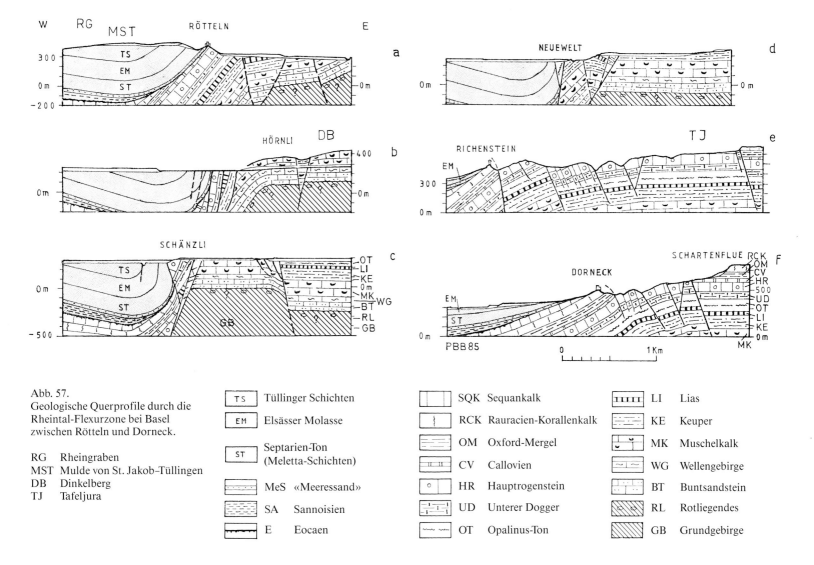

Abb. 57.
Geologische Querprofile durch die Rheintal-Flexurzone bei Basel zwischen Rötteln und Dorneck.

RG   Rheingraben
MST Mulde von St. Jakob-Tüllingen
DB   Dinkelberg
TJ   Tafeljura

TS	Tüllinger Schichten	
EM	Elsässer Molasse	
ST	Septarien-Ton (Meletta-Schichten)	
MeS	«Meeressand»	
SA	Sannoisien	
E	Eocaen	
SQK	Sequankalk	
RCK	Rauracien-Korallenkalk	
OM	Oxford-Mergel	
CV	Callovien	
HR	Hauptrogenstein	
UD	Unterer Dogger	
OT	Opalinus-Ton	
LI	Lias	
KE	Keuper	
MK	Muschelkalk	
WG	Wellengebirge	
BT	Buntsandstein	
RL	Rotliegendes	
GB	Grundgebirge	

Nach Wunsch die Reservoirstrasse abwärts bis zum *Reservoir* und Orientierung über die Wasserversorgung der Stadt (1 km) und zurück (s. S. 57). Via Peter-Ochs-Strasse, rechts ab in die Bruderholzallee und Hechtliacker bis Kinderspielplatz.

Stop 3 (km 7), *Bettlerhöhle,* Ⓟ 100 m weiter an der Strasse (nach Haus Nr. 35): S hinter Spielplatz zu Nagelfluh verkittete Hochterrassen-Schotter, aus vorwiegend alpinen Geröllen bestehend, wahrscheinlich auf Tüllinger Schichten auflagernd. Prähistorische Station!

Weiterfahrt nach St. Jakob via Fürstensteinerstrasse–Waldeckstrasse–Gundeldingerstrasse–Viertelkreis–Leimgrubenweg–Brüglingerstrasse Richtung Muttenz einspuren. Direkt nach der Birs vorsortieren WW Delémont, 50 m weiter unter der Trambrücke links vorsortieren WW Muttenz, Strasse überqueren und direkt nochmals nach links vor Wohnblock ‹Im Schänzli›, Ⓟ auf der Strasse links.

Stop 4 (km 10), *Denkmal Schänzli,* Ⓟ: Durch den Durchgang in die Vorhalle der unterirdischen Garage, links zwei Zementtreppen hoch und etwa 30 m nach links. Einstiegsschacht zur Kaverne bei der Bronzetafel ‹Geologisches Denkmal der Rheintalflexur› (Schlüssel beim Geol. Institut, Bernoullistr. 32). Beschreibung s. Exkursion 17, S. 62 u. 82.

Fahrt zurück bis Rest. Birsbrücke, daran schräg rechts vorbei Richtung Birsfelden, nach SBB-Unterführung ca. 1 km der Birs entlang. Rechts zurückversetzt 15 m hoher Erosionsrand der Niederterrasse. Nach links der Tramlinie BVB-3 entlang durch Birsfelden und über die Birs, rechts vorsortieren Richtung Grenzach und über die Autobahnbrücke. Nach Rheintraversierung rechts einspuren nach Grenzach (WW) dem Rhein entlang. Das Kraftwerk Birsfelden ist in Mergeln der Elsässer Molasse fundiert, die Schleusen sind in den Tüllinger Schichten ausgehoben worden.

Km 15: Zoll Grenzach. Etwa 700 m weiter bis Bahnübergang und direkt danach links

Stop 5 (km 16), *Hörnli,* Ⓟ: Steiler Weg hoch etwa 300 m bis in die Rebberge, Blick auf Hörnli, Oberer Muschelkalk (Trigonodus-Dolomit) der nach W abtauchenden Rheintal-Flexur. Blick auf Rheindurchbruch in die Oberrheinische Tiefebene, Fernsicht auf Wartenberg-Graben, Dogger-Plateau der Schönmatt, ins Birseck und auf Faltenjura (Landskron). Nach Wunsch Aufstieg zum Muschelkalk-Steinbruch durch den Rebberg.

Rückfahrt zum Zoll, dann rechts ab Richtung Riehen–Lörrach (WW). Etwa 200 m nach Zollübergang Riehen–Stetten (km 22), nach der Bahnunterführung, links ab (WW Freiburg) und der Wiese entlang bis zur Tumringer-Brücke (km 25,5). Nach Überqueren der Wiese rechts ab WW Haagen und nach etwa 1 km, vor dem Autobahnviadukt, scharf nach links (WW Burg Rötteln), nach weiteren 100 m nach rechts (WW) bis zum Parkplatz.

Exkursion 2

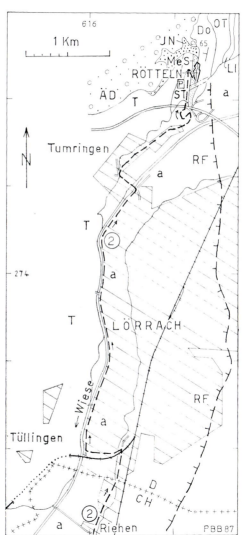

Abb. 58.
Grenzacher Hörnli (D). Nach links (W) abtauchender Oberer Muschelkalk der Rheintal-Flexur. Exk. 2. (30.3.87).

Abb. 59.
Situationsskizze zur Exkursion Nr. 2, Burg Rötteln
(nach Geolog. Altas
d. Schweiz 1:25 000, Bl. Basel 1970).

Quartär
- a   Alluvium
- ÄD   Älterer Deckenschotter

Tertiär
- JN   Juranagelfluh (Miocaen)
- T   Tüllinger Schichten und Elsässer Molasse (Chattien)
- ST   Septarien-Ton ⎫
- MeS   ‹Meeressand› ⎬ (Rupélien)

Jura
- Do   Dogger
- OT   Opalinus-Ton
- LI   Lias
- RF   Rheintal-Flexur

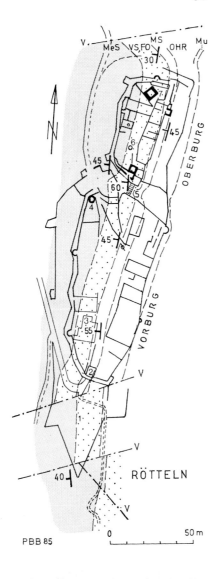

Abb. 60.
Geologische Kartenskizze der Burg Rötteln bei Lörrach (Geologie nach A. BUXTORF 1912 und O. WITTMANN 1951).

V	Verwerfung, Querstörung
MeS	‹Meeressand› (Rupélien)
VS	Varians-Schichten
FO	Ferrugineus-Oolith
MS	Movelier-Schichten
OHR	Oberer Hauptrogenstein
Mu	Mumien-Bank

1	Vorwerk
2	Burgtor zur Vorburg
3	Burgschenke
4	Turm
5	Brücke zur Oberburg
6	Zisterne
7	Grüner Turm (Bergfried)

Exkursion 2

Abb. 61.
Das Dogger-‹Meeressand›-Profil auf der Nordseite der Burg Rötteln.
Nach A. BUXTORF 1912.

MeS ‹Meeressand› (Rupélien)
St Kalksandstein
Kg Konglomerat (Malmkalk-Gerölle und -Blöcke)
VS Varians-Schichten (zurzeit nicht sichtbar)
FO Ferrugineus-Oolith
MS Movelier-Schichten (korallenführend)
Sk Spatkalkbank
OHR Oberer Hauptrogenstein
HM Homomyen-Mergel (= Obere Acuminata-Schichten)
Mu Mumien-Bank
UHR Unterer Hauptrogenstein

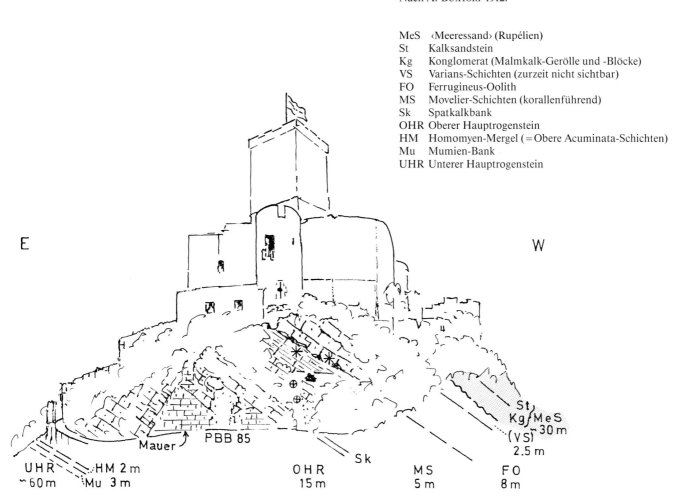

Stop 6 (km 28), *Burg Rötteln*, 🅿: Transgression des ‹Meeressandes› (Rupélien) auf Dogger (Varians-Schichten) an der steil W-fallenden Rheintal-Flexur. Auf der N-Seite der Burg guter Aufschluss des Hauptrogensteins mit korallenführenden Movelier-Schichten. Im Aufgang zur Burg und W der Aussenmauer mehrere ‹Meeressand›-Aufschlüsse. Ferner 100 m S des Eingangstores am Fuss des Wiesensporns kleiner Ausbruch von ‹Meeressand›-Küstenkonglomerat und Sandstein (ausgeprägte Klüftung!).

Abb. 62.
Burg Rötteln bei Lörrach (D), N-Seite, Blick gegen S. Oberer Hauptrogenstein mit Korallen-führenden Movelier-Schichten. Exk. 2. (7.10.85).

Abb. 63.
Burg Rötteln bei Lörrach (D), S-Seite der Oberburg. W-fallender ‹Meeressand› (Rupélien) der Rheintal-Flexur, hier auf Dogger transgredierend (Transgression nicht direkt sichtbar). Exk. 2. (5.12.85).

Exkursion 3
Muttenz–Gempen–
Seewen–Dornachbrugg

Ziel	*Tafeljura SE Basel*
Start/Anfahrt	Muttenz (Basel)
Exkursionsart	Auto-Exkursion, 50 km (65 km)
Ende/Rückfahrt	Dornachbrugg (Basel)
Dauer	Ganztägig
Route	Muttenz–Egglisgraben–Sulzchopf-Stollen–Schartenflue–Gempen–Hochwald–Ziegelschüren–Seewen–Säge–Linkenberg–Seewen–Büren–Orismühle–Nuglar–Gempen–Dornach–Dornachbrugg
Stratigraphie	Quartär, Elsässer Molasse, Oxfordien, Callovien, Hauptrogenstein, Unterer Dogger (Blagdeni-Schichten), Opalinus-Ton, Lias, Keuper
Tektonik	Horst/Graben-Struktur des Tafeljuras, Adlerhof-Struktur, Querstörungen (Gempen-Rebholden), Randüberschiebung des Faltenjuras, Rheintal-Flexur
Hydrogeologie	Grundwassererfassungen, Quellen, Karstentwässerung
Diverses	Sackungen, Bergstürze, Rutschungen
Verpflegung	Rest. Egglisgraben, Schönmatt, Gempenturm
Karten	Geol. Atlas 1:25 000, Bl. Arlesheim, Laufen–Mümlinswil; LK, Bl. 1067, 1087 (Passwang)
Literatur	Herzog, P. (1956). Vischer, W. (1933): Über das Vorkommen von Palmenstämmen (Sabal major Ung.) im Stampien von Dornachbrugg bei Basel. Verh. natf. Ges. Basel *44*/1.

Beschreibung

Stop 1 (km 0), *Kiesgrube Meyer-Spinnler,* Muttenz, ℗ zum Studium der Rheinschotter der Niederterrasse (s. Exk. 18). Fahrt zurück nach Muttenz Pt. 286 und via Kirche nach Egglisgraben (Pt. 426.0).

Stop 2 (km 5), *Egglisgraben,* ℗ beim Restaurant oder in der Nähe: Blick NW-wärts auf Wartenberg (Hauptrogenstein-Graben) und auf das Keuper-Lias-Plateau von Zinggibrunn (Sole-Produktionsfeld). Etwa 200 m SE Restaurant Strassenkreuz Pt. 453. Von hier aus etwa 50 m SW zur bewaldeten Lias-Kante (Gryphiten-Kalk), die zum N-Schenkel der W–E streichenden Adlerhof-Struktur gehört. Etwas weiter südwärts zum Parkplatz und Brünneli E am Weg, dahinter dolomitische Keuper-Mergel (Gansinger Dolomit), ebenfalls zum N-Schenkel gehörend. Der Kern der stark zusammengepressten Struktur ist nicht aufgeschlossen, doch sind 100 m weiter S steilfallende Dolomitmergel des S-Schenkels sichtbar. Zurück zu Pt. 453 und auf Fussweg nordwärts zur Steingrube Cholholz im Hauptrogenstein. Wahrscheinlich handelt es sich dabei um ein versacktes Grabenstück, dessen komplizierter Bau sich nordwärts über Leuengrund bis zum Rand der Ebene von Pratteln verfolgen lässt.

Weiterfahrt zum Sulzchopf (WW Schönmatt–Sulzchopf). An der scharfen Strassenkurve auf Kote 550 bei km 7 ist eine der Randverwerfungen des Grabens von Schönmatt aufgeschlossen (Ferrugineus-Oolith/Hauptrogenstein). Nach 200 m

Stop 3 (km 7,2), *Sulzchopf Pt. 581,* ℗: Aussicht auf Wartenberg, Rheingraben, Adlerhof-Struktur. Westwärts fallende Hauptrogensteinscholle, z.T. überlagert von Ferrugineus-Oolith. Im heute aufgelassenen Steinbruch Vorkommen von Zinkblende (ZnS) signalisiert.

Auf unserer Weiterfahrt nach S liegt links an der Kantonsgrenze ein kleiner Steinbruch im Hauptrogenstein an der E Grabenverwerfung, die hier eine Geländestufe verursacht. Bei km 9 auf der von Schönmatt herkommenden Strasse nach links (WW Gempen) und via Stollenhäuser bis zur Waldeinfahrt *(Stop).* Hier (km 9,6) steigt die Strasse über die W Rand-Verwerfung des Schauenburg-Grabens hinauf (vom Dogger ins Oxfordien). Über die Kuppe des Scharten (Rauracien-Korallenkalk) und vor Gempen rechts ab zum ‹Gempenstollen› Pt. 759.

Stop 4 (km 12), *Schartenflue,* ℗: Gute Rundsicht vom Aussichtsturm auf Tafeljura im NE, Rheinebene im NNW mit Schwarzwald und Vogesen als Begrenzung des Rheingrabens; S-Ende und Faltenjura mit Blauen-Antiklinale und Landskron-Kette; Rheintal-Flexur; Malmkalk-Plateau von Gempen–Hochwald: im S Randaufschiebung des Faltenjuras.

Wir verlassen den imposanten Rauracien-Korallenkalk-Klotz via Gempen. Am Dorfeingang links mehrere Quellfassungen in den Oxford-Mergeln (Terrain à chailles). Unmerklich überqueren wir im Dorf die W-E streichende Gempen-Querstörung, die sich von Dornach bis zur Sichteren und dann weiter NE-wärts erstreckt. Vom Sattel Pt. 683 blicken wir südwärts in den Halbgraben von Hochwald, eine schwach W-fallende Sequankalk-Platte, die im W durch die Verwerfung von Hochwald gegen die Rauracien-Korallenkalk-Scholle von Hollen begrenzt ist. Diese Störung beginnt bei Gempen und erstreckt sich SW-wärts bis in die Gegend Himmelried. Sie besteht streckenweise aus mehreren Parallelbrüchen und ist im E von eocaenen und vermutlich jüngeren Bildungen begleitet. Sie bewirkt auch teilweise unterirdische Entwässerung durch Versickerung. Am N-Dorfrand von Hochwald (Pt. 626) fahren wir spitzwinklig nach rechts zurück Richtung Dornach und biegen nach 300 m links zum Steinbruch ab.

Stop 5 (km 16), *Steinbruch Ivo Schäfer,* 🅿: Fossilreicher, typischer Rauracien-Korallenkalk (s. Exk. 13). Tropfsteinhöhle (verschlossen) in halber Höhe in der N-Ecke. Zurück nach Hochwald. Am S-Dorfausgang können wir einen kurzen Abstecher Richtung Herrenmatt bis zur Verwerfung N Rotenrain unternehmen, wo wir an der steilansteigenden Strassenbiegung einen gelblichen, z.T. mergeligen Sequankalk-Keil des Bruchsystems beobachten können (km 17,5). Zurück über Hochwald bis

Stop 6 (km 19,7), *Ziegelschüren,* 🅿 W Pt. 627: Heute kaum mehr aufgeschlossenes, aber wichtiges Vorkommen von Cyrenenmergel (früher ausgebeutet) und Elsässer Molasse; Blick nordwärts auf den oberflächlich abflusslosen Hochwald-Graben mit Karst-Entwässerung, was nur noch wenige, nicht zugeschüttete Dolinen bezeugen (s. Exk. 13). Während der Fahrt hinunter in den alten Seeboden von Seewen (früher Stausee durch prähistorischen Bergsturz bei Welschhans) durchqueren wir markante Verwerfungen des Tafeljura-Bruchsystems (Geol. Atlas, Bl. Laufen–Mümlinswil). S von Seewen sind an der Strasse zuerst N-fallende dann knickartig nach S umbiegende und tektonisch gestörte Malmkalke und Mergelkalke (‹Argovien›, Übergangs-Fazies) aufgeschlossen. Bei der Sägerei, Pt. 564 (LK 1087).

Stop 7 (km 25), früher *Sagenmatt,* beim ersten Haus rechts 🅿: Randüberschiebung des Faltenjuras. Hinter dem Haus und oberhalb davon, W der Strasse, tektonisch gestörter Hauptrogenstein, NW darüber der aus Dogger bestehende, nordwärts überschobene Buechenberg.

Abstecher zu der 400 m entfernten Opalinus-Tongrube, rechts an der Strasse nach Bretzwil, bei *Linkenberg* (km 25,1), die im Kern des überschobenen Gewölbes von Rechtenberg-Geisgägler-Schneematt liegt.

Über Seewen zurück Richtung Büren. An der scharfen Strassenkehre NE Pt. 597.2 (am N-Rand von Bl. Passwang) beträchtliche, NE streichende Verwerfung, die Malmkalk gegen Oxford-Mergel (im NW) verwirft. Der Strasse entlang abwärts sind gelegentlich ‹Chaillen› von den vorwiegend verrutschten Mergeln sichtbar.

Stop 8 (km 30), *Bürer Horn-Bergsturz,* 🅿 links vor Trafo-Station: Das durch Abrutsch bzw. Absturz bedrohte Bürer Horn besteht aus mergeligen ‹Argovien›-Kalken (Perisphincten!) mit überlagerndem Sequankalk. Aufstieg durch das Trümmerfeld (Vorsicht) für Fazies-Studien. Weiterfahrt nach Büren; Strassenkurve im Tälchen, durch Verwerfungen bedingt. Vom Dorfeingang nach 200 m rechts in ‹Kohliberg› einbiegen.

Stop 9 (km 31), *Büren,* 🅿: Hinter dem Schopf Malergeschäft Schreiber Bürer Verwerfung. Oberer Hauptrogenstein und Ferrugineus-Oolith im W stossen gegen Oxford-Mergel im E (vgl. Exk. 22).

Auf der Strasse durchs Oristal Richtung Liestal. Nach 1,2 km sind oberhalb der Strassenkurve Pt. 435.1 über oberem Hauptrogenstein verwitterte Gerölle (Bachschotter?) sichtbar.

Abb. 64.
Sulzchopf ob Muttenz, Strasse Egglisgraben-Schönmatt, Kote 550, Blick gegen S. Steile Verwerfung im flachliegenden Dogger; Ferrugineus-Oolith (links) gegenüber Hauptrogenstein (rechts) um einige Meter abgesunken. Exk. 3. (31.3.86).

Abb. 66.
NE Hochwald, Steinbruch Ivo Schäfer. Unterer Rauracien-Korallenkalk, aus flach ausgebreiteten, fladenartigen Korallen. Exk. 13; Exk. 3, Stop 5. (13.4.86).

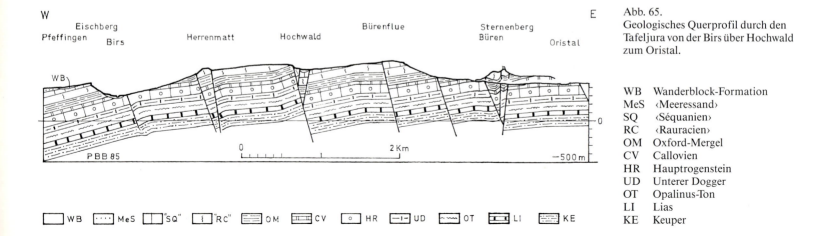

Abb. 65.
Geologisches Querprofil durch den Tafeljura von der Birs über Hochwald zum Oristal.

WB Wanderblock-Formation
MeS ‹Meeressand›
SQ ‹Séquanien›
RC ‹Rauracien›
OM Oxford-Mergel
CV Callovien
HR Hauptrogenstein
UD Unterer Dogger
OT Opalinus-Ton
LI Lias
KE Keuper

Exkursion 3

Abb. 67.
Geologisches Profil durch die Randaufschiebung südlich von Seewen (SO).
Nach A. BUXTORF und P. CHRIST 1936 und Geologischer Atlas, Blatt Nr. 3.

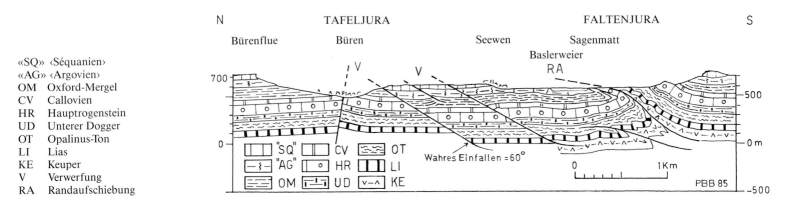

Die nachfolgenden Stops 10 bis 13 sind in Exkursion 21 eingeschlossen.

Stop 10 (km 34,7), *Orismühle,* Strassengabelung Pt. 382, Abzweigung nach St. Pantaleon, P rechts in der Strassenkehre: Flachliegende Blagdeni-Schichten in typisch mergelig-knolliger Struktur.

Stop 11 (km 35), *Steinbruch Lusenberg,* P nach der Abzweigung an der Strasse nach Nuglar: Aufschluss beinahe des gesamten Hauptrogensteins. Fahrt auf das Dogger-Plateau von Nuglar und anschliessend durch das Bergsturzgebiet bis Pt. 538,6 (P besser 150 m weiter rechts neben der Strasse).

Stop 12 (km 38), *1 km NW Nuglar:* Eine von SW herstreichende Störung überquert hier die Strasse (Hauptrogenstein N davon anstehend) und ist in ENE-Richtung gegen Talacher weiter verfolgbar (Rebholden-Verwerfung). Wahrscheinlich handelt es sich um die E Fortsetzung der Gempen-Störung, die hier etwas nach NE versetzt wird. Zum weiteren Studium der als Interferenz zweier Bruchsysteme (ENE bzw. NE streichend) deutbaren Verhältnisse fahren wir bis an die scharfe Strassenkehre 250 m ESE Pt. 619 weiter.

Stop 13 (km 39,5), *Abtsholz,* P an der Innenseite der Kurve: Oberhalb der Strasse sind tektonisch stark gestörte Malmkalke in unterschiedlicher Lithologie (Übergangsschichten rauracische/argovische Fazies) sichtbar (vgl. geol. Karte).

Auf unserem weiteren Anstieg zum Gempen-Plateau zeigen die Aufschlüsse auf der S-Seite der Strasse ähnliche Verhältnisse; wir befinden uns im Bereich der W–E streichenden Gempen-Stö-

Abb. 68.
Dornachbrugg, linkes Birsufer unterhalb Strassenbrücke. Sandsteinbänke der Elsässer-Molasse (Chattien) des Rheingrabens. Im Flussbett Fundstelle von Palmen und Zimtbaum-Abdrücken. Exk. 3, Stop 16. (16.4.86).

rung, die aber unterhalb der Strasse im Gehängeschutt oder in den verrutschten Oxford-Mergeln nicht erkennbar ist.

Nach Gempen fahren wir Richtung Dornach abwärts durch Sequan- und Rauracienkalke. Etwa 300 m nach dem Waldbeginn (750 m WSW Pt. 668) tritt links die Malmkalk-Felswand plötzlich zurück: wir durchqueren hier die Hochwald-Verwerfung. Der weitere Verlauf der kurvenreichen ‹Gempenstrasse› ist in stark verrutschten und von Sackungen und Bergsturz bedeckten Oxford-Mergeln zwischen den Rauracien-Korallenkalk-Felswänden des Hilzenstein und Ingelstein angelegt. An der zweiten Strassenkehre bei *Ramstel* Pt. 583 (km 43) beim Reservoir Ⓟ für Besucher der Glitzersteinerhöhle (nicht mehr sehr lohnenswert). An der Strassenkurve Pt. 451 (km 45) überqueren wir das W-Ende der Gempen-Störung, die von hier aus westwärts in der abtauchenden Rheintal-Flexur nicht mehr nachweisbar ist.

Stop 14 (km 45,1), *Woll,* Pt. 451, Ⓟ rechts in Strassenausbuchtung (Weg): von Pt. 451 Waldweg zum Fuss der Ingelstein-Felswand (Rauracien-Korallenkalk), weiter N Hauptrogenstein, dazwischen streicht die Gempen-Störung hindurch. Zusätzlich kann von Pt. 451 im Bächlein NW-wärts beim kleinen Wasserfall der Hauptrogenstein beobachtet werden. An den gegenüberliegenden Abhängen aufgelassene Steinbrüche im Dogger-Schollen-Mosaik der abtauchenden Flexur! Ein guter Aufschluss von Oberem Hauptrogenstein ist ebenfalls an der letzten Kehre (km 46) sichtbar (Ⓟ beim Depot).

Stop 15 (km 47), *Schweidmech,* Ⓟ beim Schiessstand: Durchbruch des jetzt kanalisierten bzw. eingedohlten Ramstelbaches durch die WNW-einfallenden Malmkalke der Rheintal-Flexur, zu beiden Seiten mit transgredierendem ‹Meeressand› (Ziel der

Exk. 14). Blick nach E auf die Schartenflue! Weiterfahrt über Dornach nach Dornachbrugg; nach links über die Birsbrücke und dann direkt rechts: Ⓟ

Stop 16 (km 49), *Dornachbrugg:* Wehr auf Elsässer Molasse des Rheingrabens erbaut. Übersicht von der Brücke abwärts; Abstieg auf Fussweg 100 m unterhalb Brücke zur Birs und den Aufschlüssen am linken Ufer und im Fluss, wo in den anstehenden Glimmersandsteinen verkohlte Reste von *Cinnamomum* und Palmenstämmen *(Sabal major)* bekannt geworden sind. Diese Pflanzenvorkommen in einem brackischen-marinen Sandstein zeigen ein warmes Klima an und weisen auf Landnähe hin. Rückfahrt nach Basel.

Rheingraben

Exkursion 4
Ziegelei Allschwil–
Schönenbuch–Allschwil

Ziel	*Quartär und Tertiär des S Rheingrabens*
Start/Anfahrt	Tram BVB-8, Endstation Neuweilerstrasse
Exkursionsart	Fusswanderung (ganze Exk.) 12 km, Aufstieg 150 m
Ende/Rückfahrt	Tram BVB-6, Allschwil, evtl. Bus ab Schönenbuch
Dauer	Halbtägig; Abstecher Schönenbuch zusätzlich 2½ Stunden
Route	Basel Neuweilerstrasse–Allschwil alte Ziegeleigruben–Paradis–Bim Chrüz, Pt. 347–Mülibach–Geiser–Lengi–Schönenbuch–Pt. 342–Pt 344–Pt. 329–Lützelbach–Allschwil
Stratigraphie	Löss, Jüngerer und Älterer Deckenschotter, Sundgauschotter, Elsässer Molasse, Meletta-Schichten (Septarien-Ton)
Tektonik	SE-Ende des Rheingrabens: Basler Rücken, Allschwiler Verwerfung, Graben von Wolschwiller–Allschwil–Sierentz
Hydrogeologie	Schotterquellen, Quellhorizont
Diverses	Bohrungen Allschwil-1 und -2
Verpflegung	Bim Chrüz, Pt. 347, Rest. Spitzwald
Karten	Geol. Atlas 1:25 000, Bl. Basel, Arlesheim; LK 1:25 000, Bl. 1047, 1067
Literatur	BRIANZA, M., et al. (1983): Die geologischen Resultate der Thermalwasserbohrung von Leymen (Haut-Rhin, Frankreich) südlich von Basel, unter besonderer Berücksichtigung der Schwerminerale. – Ecologae geol. Helv. *76*/1. FISCHER, H. (1965): Oberes Rupélien (Septarienton) des südlichen Rheintalgrabens: Tongrube von Allschwil bei Basel. – Bull. Ver. schweiz. Petrol.-Geol. u. -Ing. *31*/81. FISCHER, H., HAUBER, L. & WITTMANN, O. (1971): Erläuterungen zu Bl. 1047 Basel, Geol. Atlas Schweiz 1:25 000 (Atlasblatt 59).

Beschreibung

Tongruben Allschwil P im Areal. Zurzeit kann der hintere Teil der ehemaligen Ziegeleigruben sowohl durch den E Eingang (Passavant-Iselin & Cie.) als auch durch den W Eingang (Aktienziegelei) an der Binningerstrasse, Allschwil, betreten werden (vorherige telephonische Anfrage erwünscht).

Die beiden grossen, um 1975 stillgelegten Tongruben von Allschwil, die durch Einfüllung von Deponie bald einer umfassenden geologischen Beobachtung entzogen sein werden, sollen durch Erhaltung eines kleinen Teilabschnittes in der SW-Ecke in der Zukunft mit der obersten Lagen der oligocaenen (Rupélien) Meletta-Schichten (Septarien-Ton, Blauer Letten) und den überlagernden Jüngeren Deckenschotter (Mindel-Eiszeit) samt Lössbedeckungen der Nachwelt als geologisches Denkmal erhalten bleiben.

Beim Eingang verlassen wir die von 260 m ü.M. im Stadtgebiet bis etwa Kote 280 m ansteigende, mit Schwemmlehm bedeckte Niederterrasse, die hier den linksseitigen Rand der weiten Schotterfelder des würmeiszeitlichen Rheines formt. In früheren Jahren war auf dem zwischen den beiden Gruben stehengebliebenen Damm etwa 10 m Rheinschotter der Hochterrasse sichtbar, die hier auf einem Niveau von etwa 290 m ü.M. während der Riss-Eiszeit abgelagert worden sind. Am S-Rand der ehemaligen Gruben sind zurzeit noch an mehreren Orten die marin-brackigen, glimmerreichen, bläulich-grauen, tonigen Meletta-Schichten aufgeschlossen, die gelegentlich bräunliche Fischschuppen und seltene Skelette von *Clupea* (Sardine) enthalten, was für ein marines Ablagerungsmilieu spricht. In den höhe-

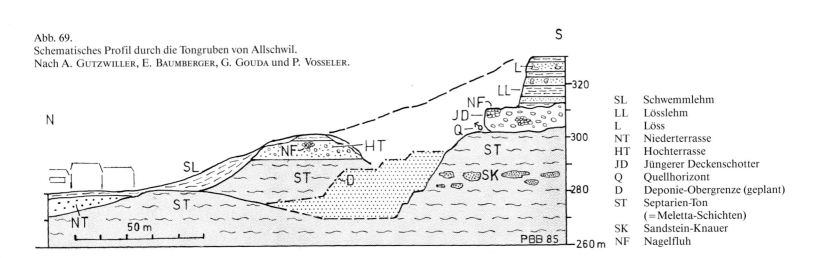

Abb. 69.
Schematisches Profil durch die Tongruben von Allschwil.
Nach A. GUTZWILLER, E. BAUMBERGER, G. GOUDA und P. VOSSELER.

SL Schwemmlehm
LL Lösslehm
L   Löss
NT Niederterrasse
HT Hochterrasse
JD Jüngerer Deckenschotter
Q   Quellhorizont
D   Deponie-Obergrenze (geplant)
ST Septarien-Ton
    (=Meletta-Schichten)
SK Sandstein-Knauer
NF Nagelfluh

Abb. 70.
Allschwil, ehem. Ziegelei Passavant-Iselin & Cie., S-Rand der alten Tongrube. Blassgelbe Lage von Löss auf Jüngerem Deckenschotter (Nagelfluh), der über hellgrauem, verwittertem Septarien-Ton (Meletta-Schichten, Rupélien) transgrediert (1987 teilweise zugeschüttet). Exk. 1, Stop 1; Exk. 2, Stop 1; Exk. 4. (4.8.77).

Abb. 71.
Allschwil, ehem. Ziegelei Passavant-Iselin & Cie., Tongrube. Jüngerer Deckenschotter der Mindel-Eiszeit, meist zu Nagelfluh verkittet. Im Hintergrund überlagert von Lössdecke. Exk. 1, 2 & 4. (13.3.87).

ren Lagen waren früher mergelige Sandlagen mit harten, blätterführenden *(Cinnamomum)* Sandsteinknauer aufgeschlossen, was auf landnahe Einschwemmungen hindeutet. Der Verwitterung ausgesetzt, verändern sich die im frischen Zustand dunkeln, kompakten, meist geschichteten Meletta-Schichten rasch zu einer hellgrauen bis bräunlichen, bei Wasserzutritt schmierigen Masse, die an schon schwach geneigten Hängen zu Rutschungen führt.

Nach der Ablagerung der bis 350 m mächtigen Meletta-Schichten, der Elsässer Molasse (300 m) und der Tüllinger Schichten (bis 200 m) zog sich das Meer endgültig zurück, und die Abtragung setzte ein. So bildet heute die Grenzfläche zwischen quartärem Jüngerem Deckenschotter (Mindel Eiszeit) und den tertiären Meletta-Schichten eine Erosions-Oberfläche, die einen Hiatus von rund 28 Mio. Jahren umfasst. Diese Grenzfläche ist am S-Ende der ehemaligen Tongruben zu sehen, wo sie auf etwa 305 m Höhe liegt; die bis ca. 12 m mächtigen Schotter sind stellenweise zu harter Nagelfluh verkittet.

Die bis etwa kopfgrossen, vorwiegend grauen Gerölle haben eine den Niederterrassen-Schottern ähnliche polygene Zusammensetzung (s. Exk. 18, Abstecher Kiesgrube Meyer-Spinnler, Muttenz). Hingegen sind Granit- und Gneisgerölle oft grösstenteils zu Grus verwittert, was auf ein entsprechend höheres Alter der Schotter schliessen lässt (ca. 400 000 statt nur 20 000 Jahre alt). Da die porösen Schotter auf den undurchlässigen Meletta-Schichten liegen, bildet diese Grenzfläche einen Quellhorizont für das durchgesickerte Regenwasser.

Die Jüngeren Deckenschotter sind von einer rund 15 m mächtigen Wechselfolge von hellgelbgrauem, porösem, äolisch abgelagertem Löss und gelbbraunem Lehm bedeckt, der durch Verwitterung bzw. Entkalkung des Lösses entstanden ist. Der Löss enthält oft neben figürlichen Kalkkonkretionen (Lösskindel) zahlreiche Landschnecken *(Helix* sp., *Succinea oblonga* usw.) und stammt vorwiegend aus den fluvioglazialen, zur Riss-Eiszeit abgelagerten Rheinschottern, aus denen dieser Staub vor der Würm-Eiszeit durch heftige Winde ausgeblasen wurde; er liegt demnach nicht auf der Niederterrasse, sondern nur auf der Hochterrasse und den beiden Deckenschottern.

Wir verlassen das Areal an der SE-Ecke und steigen auf der Strasse zum Pt. 347 (Bim Chrüz) hinauf.

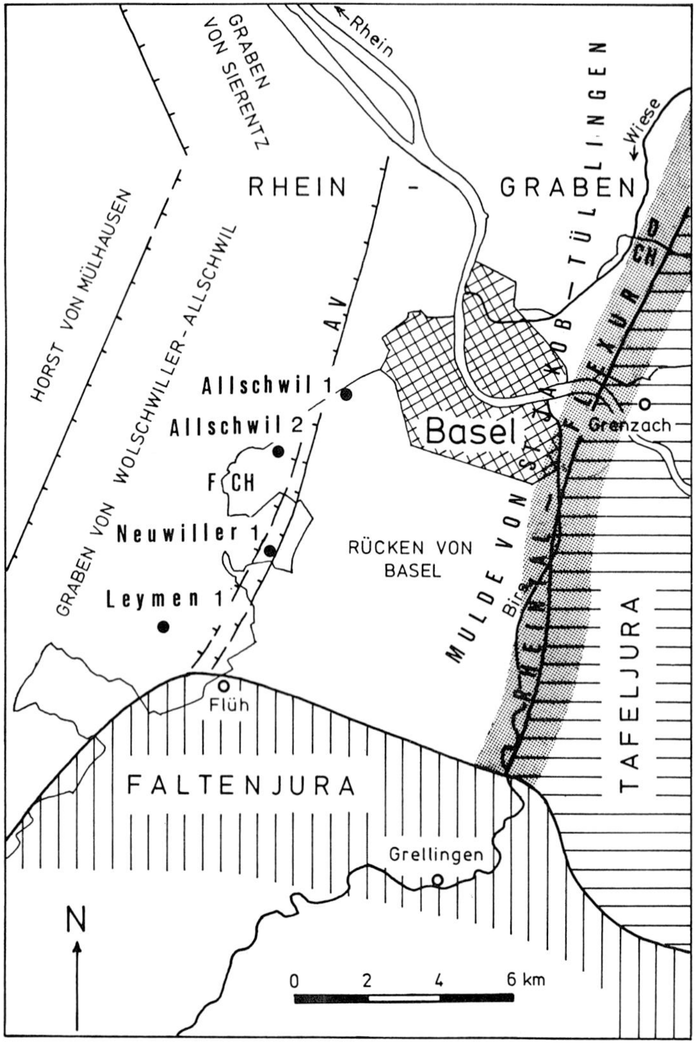

Abb. 72.
Tektonische Übersicht und Lage der Tiefbohrungen südwestlich von Basel.
Nach M. BRIANZA et al. 1983 (A.V. = Allschwiler Verwerfung).

Umgebung von Schönenbuch. Je nach Verweilzeit in den Tongruben schliessen wir noch eine etwa 2½stündige Wanderung nach Schönenbuch und zurück nach Allschwil an, um die unterschiedlichen Höhenlagen der verschiedenen altquartären Schotter (Jüngerer Deckenschotter, Älterer Deckenschotter, Sundgau-Schotter?) festzustellen.

Von der Strassenkreuzung Pt. 347 folgen wir vorerst der Strasse und nach 500 m dem Fahrweg nach SW, von dem wir nach etwa 600 m – kurz vor der Landesgrenze – nach W abzweigen. Auf dieser Strecke wandern wir auf der bis 30 m mächtigen Löss/Lösslehm-Decke (27 m! in Bohrung SW Pt. 352), die dem Jüngeren Deckenschotter aufliegt. Wir haben unterdessen die hier nicht sichtbare Allschwiler Verwerfung überschritten, wobei wir unmerklich vom Basler Rücken in den Graben von Wolschwiller übergetreten sind. Diese Verwerfung ist durch die zwei leider erfolglosen Kali-Explorations-Bohrungen Allschwil-1 und -2 erkannt und neuerdings durch seismische Untersuchungen bestätigt worden.

Beim Abstieg ins Mülibach-Tälchen, in dem lokal Elsässer-Molasse ansteht, durchqueren wir den Jüngeren Deckenschotter, der hier dem Tertiär bei Kote ca. 325 m aufliegt – also etwa 20 m höher als in den Tongruben. Aufstieg nach NW bis Pt. 347 und dann südwestwärts durch den Geiserwald, wobei wir etwa ab Kote 365 m über den stark verwitterten Älteren Deckenschotter aufsteigen. Vom Waldrand aus weiterhin in Richtung SW weiterwandernd, gelangen wir bei ‹Lengi› in etwa 390 m Höhe und dann rechtwinklig nach Schönenbuch abzweigend in das Gebiet der frühquartären-oberpliocaenen(?) Sundgau-Schotter (von der Ur-Aare herstammend), die hier aber möglicherweise nicht mehr in ursprünglicher Lage vorhanden sind, sondern als umgelagert gedeutet werden müssen.

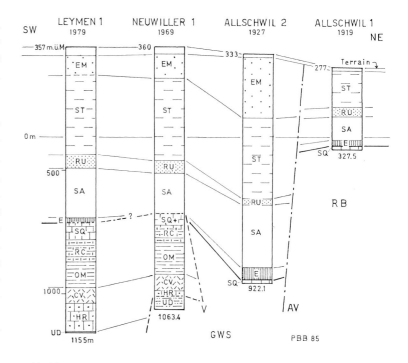

Abb. 73.
Korrelation der vier Tiefbohrungen SW von Basel.
Nach H. FISCHER et al. 1971 und M. BRIANZA et al. 1983.

RB   Rücken von Basel
GWS   Graben von Wolschwiller–Allschwil–Sierentz
AV   Allschwiler Verwerfung
EM   Elsässer Molasse
ST   Septarien-Ton
RU   Rupélien (Fischschiefer, Foraminiferenmergel, Meeressand)
SA   Sannoisien
E   Eocaen (Bolus, Süsswasserkalk)
SQ   Sequankalk
RC   Rauracien Korallkalk und Liesberg-Schichten
OM   Oxford-Mergel
CV   Callovien und Varians-Schichten
HR   Hauptrogenstein
UD   Unterer Dogger

Bei Pt. 359 gelangen wir auf die Dorfstrasse von Schönenbuch, auf der wir Richtung Allschwil zurückmarschieren. Die Häuser beidseits der Strassen sind in verrutschtem Jüngerem Deckenschotter fundiert. Bei Pt. 342 zweigen wir nach rechts ab und dann bei Pt. 344 rechtwinklig nach links NE-wärts am Waldrand entlang, bis nach etwa 400 m ein Weg von links einmündet. An dieser Stelle ist 1926/27 die Kali-Versuchsbohrung Allschwil-2 bis auf 922,1 m abgeteuft worden, wobei der Malm erst bei 914 m erreicht worden ist, im Gegensatz zur 1919 erbohrten Allschwil-1 (ca. 1 km NE Dorfkern Allschwil), die den Sequankalk bei 321,5 m antraf. In Berücksichtigung der unterschiedlichen Höhen der beiden Bohrlokationen beträgt die Sprunghöhe (ohne ein S–N-Gefälle in Betracht zu ziehen) der zwischen den beiden Bohrungen durchziehenden Allschwiler Verwerfung somit rund 530 m auf die Malm-Oberfläche bezogen, was im Zusammenhang mit anderen Bohrangaben auf kontinuierliche Absenkung des Wolschwiller Grabens hauptsächlich im Sannoisien schliessen lässt.

Über die Situation der Bohrungen Allschwil-1 und -2, Neuwiller-1 und Leymen-1, ferner über die durchbohrten Formationen und deren Korrelation, geben die Abb. 72 und 73 Auskunft.

Rückmarsch (knapp 2 km) nach Allschwil dem Lützelbach entlang und dann auf der Strasse zur Endstation BVB-6.

Exkursion 5

Faltenjura-Nordrand

Exkursion 5
Leymen–Mariastein–
Hofstetten–Flüh

Ziel	*W-Ende der Landskron-Kette*
Start/Anfahrt	Leymen (Frankreich) BLT–10, Auto bis Flüh, P bei der BLT-Station
Exkursionsart	Fusswanderung 9 km, Aufstieg 400 m (ohne Abstecher)
Ende/Rückfahrt	Flüh BLT–10; Auto
Dauer	Halbtägig
Route	Leymen Pt. 380–Steinbruch S Leymen(–Pt. 388–Ruine Waldeck)–Tannenwald (Ruine Landskron)–Pt. 495–Rotläng–Pt. 502–Mariastein–Stüppen–Hofstetten–Chöpfli–Pt. 551–Station Flüh
Stratigraphie	‹Meeressand›, Eocaen, Oxfordien (Sequankalk, Rauracien-Korallenkalk, Liesberg-Schichten, Oxford-Mergel), Callovien, Oberer Hauptrogenstein (inkl. Ferrugineus-Oolith)
Tektonik	Landskron-Verwerfung, Aufschiebung der Landskron-Kette auf Rheingraben?, Hofstetter Mulde, Längsstörungen
Hydrogeologie	Subtherme von Flüh, Talquelle, Sternenbergquelle, Kreuzquelle von Hofstetten, Versickerungen im Malmkalk
Ur- und Frühgeschichte	Refugium Chöpfli, römische Reste Hofstetten
Diverses	Transgression des Rupélien (Flüh–Hofstetten), Erdölspuren von Flüh
Karten	Geol. Atlas 1 : 25 000, Bl. Arlesheim; LK 1 : 25 000, Bl. 1067
Literatur	BITTERLI, P. (1945).

Beschreibung

Der SW-Teil von Leymen ist auf alter, teilweise von Löss überdeckter Malm-Bergsturzmasse aufgebaut (im aufgelassenen Steinbruch S hinter der Kirche sichtbar, s. Exk. 1, Stop 2). Die BLT-Station Leymen liegt auf Meletta-Schichten (Septarien-Ton) direkt am S-Rand des Rheingrabens.

Vom Pt. 380 Anstieg auf Strasse zum grossen *Steinbruch* am Westende des Landskronberges. Die Landskron-Kette wird direkt W des Steinbruches durch die NE streichende Landskron-Verwerfung abgeschnitten; die W Fortsetzung des Malm-N-Schenkels befindet sich etwa 600 m SW-wärts bei der Ruine *Waldeck* (ca. 1stündiger Abstecher via Pt. 388). Abgesehen von der Annahme eines normalen Bruches ist eine links-laterale Transversalverschiebung möglich, längs der der W-Teil der Landskron-Kette um etwa 500 m nach N auf den Rheingraben aufgeschoben wurde. Die beachtliche Querstörung, die in der SW Verlängerung der Allschwiler Verwerfung liegt, könnte dem alten, vor der Jurafaltung angelegten E-Rand des Grabens von Wolschwiller entsprechen. Diese Verwerfungsfläche dürfte bei der Auffaltung der Landskron-Kette eine entscheidende Rolle für das heutige tektonische Erscheinungsbild W und E der Störung gespielt haben.

Der Steinbruch bietet einen Einblick in den durch die Querstörung stark beanspruchten Malm des steil einfallenden N-Schenkels mit gelblichen Sequankalken, hellem Rauracien-Korallenkalk und grauen, fossilreichen Liesberg-Schichten (z.B. Seeigelstacheln von *Cidaris florigemma*). Diese Malmkalke sind durch eocaene Residualprodukte (Bolus), die in die zerklüfteten und verkarsteten Kalke eingedrungen sind, stark rostrot verfärbt.

Weiter auf der Strasse Richtung Tannenwald. Nach 400 m bei Deponie Fusspfad schräg abwärts ins Tälchen und Überqueren des Talbodens zum Waldrand und Waldweg, der von Pt. 388 ansteigt. SW längs des Waldweges mehrere kleinere verlassene Gruben mit Hauptrogenstein und Ferrugineus-Oolith des Doggerkerns der Landskron-Kette, der gegen E ein beträchtliches Axialgefälle aufweist und somit unter den Riffkalken des Malm-Gewölbes des Hofstetter Chöpfli eintaucht.

Zurück auf die Strasse und aufwärts nach Pt. 495 *Tannenwald*. Am linken Strassenbord Varians-Schichten und Callovien im Schutt angedeutet. Bei Pt. 495 rostbraune, plattige Echinodermenbrekzie (Dalle nacrée) des Callovien, eine typische Faziesausbildung im W des Blauen-Gebietes.

Sofern Zeit zur Verfügung steht: Abstecher zur *Landskron*, der aus dem 13. Jahrhundert stammenden, bedeutendsten Burgruine des Leimentals, die auf dem steileinfallenden Rauracien-Korallenkalk des N-Schenkels errichtet worden ist. Blick nach E über die bis in die Varians-Schichten erodierte Klus von Flüh auf das durch Störungen durchbrochene, durch klotzige ‹Rauracien›-Korallenriffe charakterisierte Gewölbe des Chöpfli. Abstieg nach Rotläng Pt. 453 und Aufstieg nach *Mariastein*, den gut aufgeschlossenen, aber kurzen Malmkalk-S-Schenkel der Landskron-Kette durchquerend, der bei Pt. 502 rasch in die flache Hofstetter Mulde übergeht. Am Klosterplatz vorbei südwärts, über den grossen Parkplatz dem Fussweg der Klostermauer folgend bis zum Waldrand, dann abwärts auf die Landstrasse nach Flüh, diese überquerend, und gegenüber auf Fussweg steilaufsteigend bis zur Landstrasse nach Hofstetten und weiter bis Pt. 529.

Blick südwärts auf das Dogger-Gewölbe des Blauens (837 m ü.M.), das in den Bergmatten bis auf den Opalinus-Ton erodiert ist. Von W herstreichend wird der vorgelagerte, schmale

92   und steilstehende Malmkalk-N-Schenkel bei Rotberg unterbrochen; er ist erst wieder gegen den Chälengraben erkennbar. Das Zwischenstück ist ausgebrochen und von Vorhollen bis Wiler an der höckerigen Morphologie als Bergsturzschutt erkennbar. Weiter östlich bei Fürstenstein richtet sich der Malmkalk-N-Schenkel

97   der Blauen-Antiklinale wieder bis zu senkrechter, ja sogar überkippter Stellung auf (vgl. geol. Karte).

Das Rauracien-Kalk-Plateau der Hofstetter Mulde ist wegen zahlreicher Klüfte sehr wasserdurchlässig. Versickerndes Meteorwasser tritt somit am Fuss der Kalke über den Oxford-Mergeln zwischen Mariastein und Hofstetten in verschiedenen Quellen wieder zutage, die aber wegen der fehlenden Filterkraft der Kalke meist verunreinigt sind. In der Klus von Flüh weitere Quellen; z.T. aus dem untiefen Hauptrogenstein aufsteigend (frühere Badquelle: Subtherme 17 °C).

Weitermarsch Richtung *Hofstetten;* nach 200 m links auf Feldweg abzweigen und über Stüppen nach dem Dorf. Hier sind bei verschiedenen Grabarbeiten Fischschiefer (Kreuzquelle) und Meletta-Schichten (Strassenkanalisation) angetroffen worden (s. geol. Karte). Wichtiger Hinweis, dass das Rupélien-Meer des Rheingrabens an dieser Stelle Sedimente mehr oder weniger direkt auf erodiertem Malmkalk absetzte.

Anstieg zum *Chöpfli* Pt. 551 (neolithisches Refugium mit Erdwall?), oberste Kuppe aus Basis-Sequankalken. Längsstörungen auf der N- und S-Seite des Chöpfli. Abstieg auf Fussweg zur BLT-Station. Im alten Steinbruch durch Querstörungen beanspruchter Rauracien-Korallenkalk, ostwärts durch steil N-fallende Sequanmergel (Natica-Schichten) überlagert.

Für Interessierte Abstecher zum heute schlecht aufgeschlossenen ‹Meeressand›-Vorkommen etwa 100 m NW des *Zolls Flüh,* etwa 50 m oberhalb der Landstrasse nach Leymen. Zwischen den Grenzsteinen Nr. 11 und Nr. 12 hinter dem Schopf aufsteigen. Verlassener und überwachsener Steinbruch. Einzelne, meist moosüberwachsende Blöcke im Schutt bestehen aus typischem, orangegelbem ‹Meeressand›-Konglomerat und -Sandstein.

Abb. 74.
Leymen (F), Steinbruch am W-Ende der Landskron-Kette. Eocaener Bolus, Sequankalk, Rauracien-Korallenkalk und dunkelgraue Liesberg-Schichten (von links nach rechts), tektonisch stark beansprucht (Landskron-Querverwerfung). Exk. 1, Stop 3; Exk. 5. (5.5.85).

Abb. 75.
Landskron (Elsass). Ruine auf steilstehendem Rauracien-Korallenkalk stehend; N-Schenkel der Landskron-Kette. Exk. 5. (2.4.86).

Exkursion 5

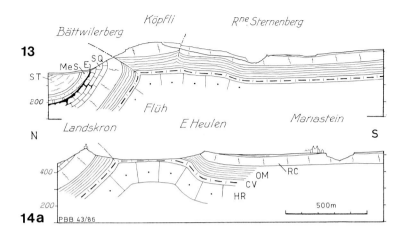

Abb. 76.
Geologische Querprofile durch die W Landskron-Kette.

Exkursion 6
Witterswil–Witterswiler Berg–
Grundmatt–Ettingen

Ziel	*Stratigraphie und Tektonik Witterswiler Berg (Landskron-Kette)*
Start/Anfahrt	Witterswil oder Ettingen BLT-10 oder Auto (Ⓟ in Ettingen)
Exkursionsart:	Fusswanderung 8 km, Aufstieg 230 m
Ende/Rückfahrt	Ettingen BLT-10; Auto
Dauer	Halbtägig bis ganztägig
Route	Ettingen/Witterswil–Reservoir, Kote 410–Witterwiler Berg–Anhöhe Pt. 494 (Kantonsgrenze)–Steinbruch Grundmatt–Pt. 441–Mettli Pt. 496–Pt. 441–Büttenloch–Ettinger Bad–Station BLT-10
Stratigraphie	Hochterrassen-Schotter (Reste), ‹Meeressand›, Sannoisien, Eocaen (Bolus, Hupper), Malmkalk
Tektonik	N-Schenkel der Landskron-Kette (tektonisch gestört), Scheitelbruch, Hofstetter Mulde, Aufschiebungen am E-Ende?
Hydrogeologie	Quellen am S-Rand von Witterswil, Homel, Ettinger Bad (Versickerung Chälengraben)
Ur- und Frühgeschichte	Refugium Stapflen, prähistorische Station Büttenloch, Grabhügel Kirche Ettingen (röm. Reste Witterswil, Hofstetten)
Diverses	Karsterosion im Malmkalk mit Siderolithikum, Transgression des Sannoisien und des ‹Meeressandes›, Korallenstöcke (Oxfordien)
Karten	Geol. Atlas 1:25 000, Bl. Arlesheim; LK 1:25 000, Bl. 1067
Literatur	BITTERLI, P. (1945).

Beschreibung

Längs der Bahnlinie BLT–10 von Ettingen nach Witterswil sind stellenweise Jurageröll festgestellt worden, die als ‹Hochterrasse› interpretiert werden. Von der Station Witterswil herkommend, verlassen wir das Dorf am S-Rand zwischen Haus Nr. 4 und 8 der Nebenstrasse ‹Hinter dem Haag› auf schmalem Fussweg aufwärts zum *Witterswiler Berg* durch anstehenden ‹Meeressand›, der meist als Konglomerat ausgebildet ist. Hinter den Häusern sind in einer Quell-Neufassung Fischschiefer und Meletta-Schiefer (Septarien-Ton) angetroffen worden.

Am Reservoir (Kote ca. 410 m) vorbei bis zur Waldhütte (Holzschopf) und auf gleicher Höhe etwa 100 m ostwärts weiter. Am Weg anstehendes ‹Meeressand›-Konglomerat. Zurück zum Schopf und in SE-Richtung auf verlassenem Fusspfad den Witterswiler Berg aufwärts, vorerst durch ‹Meeressand›, dann durch Eocaen, wobei aufgelassene Gruben auf frühere Schürfarbeiten (seit etwa 1865) nach Hupper und möglicherweise auch Bohnerz hinweisen (s. Kapitel «Nutzbare Gesteine», S. 52). In 470 m Höhe stossen wir auf einen Waldweg, dem wir nach E folgen. Rechts zurzeit guter Aufschluss von dunkelweinrotem Bolus mit Bohnerz. Etwa 50 m E der Starkstromleitung (Kote 455) grobe Sequankalk-Gerölle und -Blöcke, die wahrscheinlich als Küstenbildungen zu deuten sind und dem Sannoisien zugerechnet werden.

Die stratigraphische Stellung dieser Ablagerungen und ihr Zusammenhang mit anderen Vorkommen ist aus der schematischen Skizze ersichtlich. Das Detailprofil Sannoisien-‹Meeressand› kann für Interessierte in der kleinen Erosionsrinne verfolgt werden, die vom Weg ab Kote 460 W und parallel der Starkstromleitung hangabwärts bis zum Waldrand verläuft.

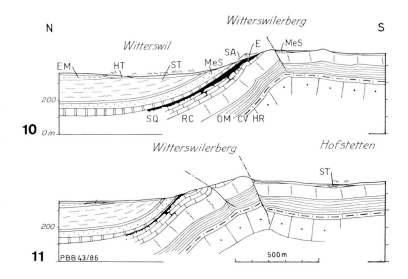

Abb. 77.
Geologische Querprofile durch die Landskron-Kette bei Witterswil (SO).

Exkursion 6

Abb. 78.
Witterswiler Berg, Kote 470 m. Hupper und dunkelroter Bolus-Ton mit kleinen Bohnerz-Körnern. Siderolithikum, Eocaen. Exk. 6. (9.3.77).

Abb. 79.
Witterswiler Berg, Kote ca. 470 m. Küstenkonglomerat aus Malmkalk-Blöcken und Geröllen. Fragliches Eocaen oder Sannoisien. Exk. 6. (22.7.74).

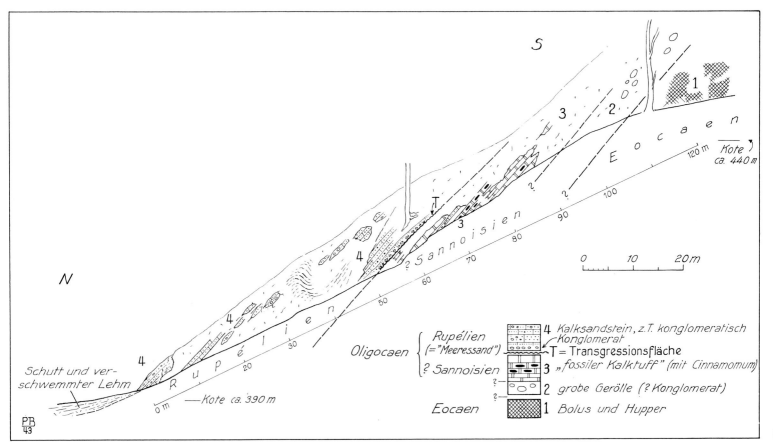

Abb. 80.
Profil der Schichtenfolge ‹Meeressand›–Sannoisien–Eocaen? am Witterswiler Berg (Aufnahme: 25.3.42).

Abstecher dem Waldweg entlang ostwärts bis zur Kantonsgrenze zum Studium des tektonisch stark gestörten Malmkalk-N-Schenkels der Landskron-Kette.

Zurück und Anstieg Richtung SW bis zur Kulmination, der wir am Waldrand ostwärts bis Pt. 494 (Kantonsgrenze SO/BL) folgen. Lose Gerölle weisen auf Sannoisien (?) hin. Abwärts bis zur Landstrasse Pt. 441 (Weggabelung Stapfelrebenweg/Köpfliweg) können wir am linken Wegbord ‹Meeressand› feststellen (frühere Fundstelle von *Ostrea callifera*). Dieses Vorkommen *S Stapflen* am E-Ende der Hofstetter Mulde zusammen mit dem ‹Meeressand› am Witterswiler Berg und dem von Chleiblauen (s. Exk. 10) beweisen, dass das Rupélien-Meer in diesem Gebiet in der damals ausgebildeten Raurachischen Senke, einer durch den (dann noch nicht aufgefalteten) Jura N–S verlaufenden Meeresverbindung, auch im Gebiet der heutigen Hofstetter Mulde seine Sedimente hinterliess. Die Rupélien-Vorkommen von Hofstetten scheinen aber ohne ‹Meeressand› transgressiv auf Rauracien-Korallenkalk zu liegen.

Längs der Landstrasse Richtung Hofstetten etwa 200 m zurück. In dem grossen Rauracien-Korallenkalk-Steinbruch der *Grundmatt* fallen die beträchtlichen Korallenstöcke auf, die zur Zeit der Mittleren Oxfordien-Stufe als Riff gewachsen sind. Gelegentlich sind bemerkenswerte Karst-Schlote vorhanden.

Tektonisch Interessierte können von Pt. 441 aus südwärts auf einer Schlaufe bis Mettli und wieder an den Ausgangspunkt zurück die als Aufschiebung gedeutete Hügelzone Pt. 489–Pt. 496, die sich ostwärts bis zur Esselgraben-Störung verfolgen lässt, besuchen (vgl. geol. Karte); andererseits könnten die Hügel als Sackung gedeutet werden.

Weiterhin lassen sich E von Pt. 441 längs der Strasse und beidseits des Bachbett-Oberlaufs der tektonisch stark beanspruchte Korallenkalk mit Längs- und Querstörungen, Rutschharnischen usw. studieren.

Auf dem Abstieg im oft trockenen Bachbett durchs Büttenloch (prähistorische Station) zum *Ettinger Bad* überqueren wir zuerst eine im Gelände erkennbare Längsstörung, weiter abwärts gelangen wir aus dem Rauracien-Korallenkalk in die Sequankalke. Am N-Ausgang des Büttenlochs liegen die ursprünglichen Badquellen, deren kaum filtrierte Karst-Wasser aus dem Gebiet des Chälengraben stammt (Versickerung und unterirdischer Verlauf durch Färbversuche nachgewiesen).

Direkt W des Bads sind in Baugruben Meletta-Schichten und Fischschiefer gefunden worden, in der Nähe der Kirche aber auch ‹Meeressand›; diese Verteilung weist auf Störungen hin, die sich auch weiter W am N-Abhang der Landskron-Kette ankündigen, sich aber nicht interpretieren lassen (vgl. geol. Karte).

Abb. 81.
Steinbruch Grundmatt E Hofstetten. Karstbildung: Schlot durch vorwiegend chemischer Verwitterung im Rauracien-Korallenkalk entstanden. Exk. 6. (1.4.86).

Exkursion 6

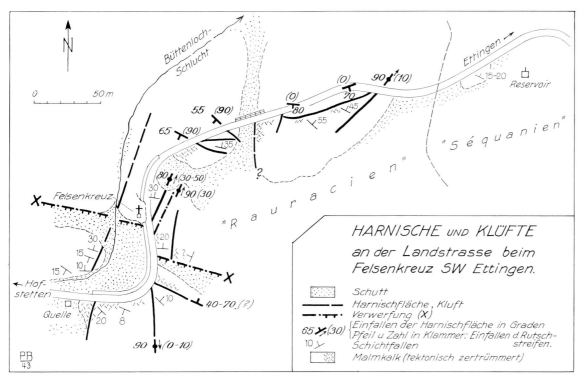

Abb. 82.
Tektonische Skizze der Störungen am E-Ende der Landskron-Kette SW von Ettingen (Aufnahme: 15.6.42).

Exkursion 7
Aesch–Pfeffingen–
Tschäpperli–Aesch

Ziel	SE-Ecke des Rheingrabens und Umrandung
Start/Anfahrt	Aesch BLT-11
Exkursionsart	Fusswanderung 11 km, Aufstieg 370 m
Ende/Rückfahrt	Wie Anfahrt
Dauer	Halbtägig bis ganztägig
Route	Aesch–Pt. 336–Eischberg–Schloss Pfeffingen–Pt. 508.9–Chlyfegg–Münchsberg–Schalberg–Tschäpperli–Bielgraben–Ruine Tschöpperli–Gmeiniwald (Dolmengrab)–Steinbruch SE Pt. 374–Pt. 354–Aesch
Stratigraphie	Niederterrasse, Wanderblock-Formation, ‹Meeressand›, (Tertiär des Rheingrabens) Oxfordien, Callovien, Hauptrogenstein
Tektonik	S-Ende Rheintal-Flexur, Blauen-Antiklinale (N-Schenkel), Malmkalk-N-Schenkel-Anomalien
Hydrogeologie	Birs-Grundwasser, diverse Quellen
Ur- und Frühgeschichte	Dolmengrab, Gmeiniwald, Refugium Eischberg
Diverses	Gmeiniwald-Sackung, diverse Sackungen und Rutschungen
Verpflegung	Vordere Chlus, Rest. Nussbaumer
Karten	Geol. Atlas 1:25 000, Bl. Arlesheim; LK 1:25 000, Bl. 1067
Literatur	BITTERLI, P. (1945), STÄUBLE, A.J. (1959). VONDERSCHMITT, L. (1941): Bericht über die Exkursion der S.G.G. im nordschweizerischen Jura. 8.–11. Sept. 1941. – Eclogae geol. Helv. *34/2*.

Beschreibung

Aesch liegt am S-Anfang der weiten Birsebene, auf der aus Birsschottern bestehenden Niederterrasse. Anstieg südwärts durch pliocaenes (?) oder frühquartäres Bergsturzgebiet von *Tal* bis Pt. 336. Von hier aus ESE-wärts bis zum alten Pistolenstand am Waldrand, wo gelber ‹Meeressand› aufgeschlossen ist. Dann in SW Richtung aufwärts bis zum Wasserreservoir (Kote 370). In der Weggabelung am Waldrand an der Böschung heute schlechter Aufschluss von hier verbreitet vorkommenden Lehmen mit Buntsandstein- bzw. Quarzitgeröllen (pliocaene? Wanderblock-Formation) auf verkarstetem Sequankalk.

Auf dem Waldsträsschen über Malmkalke aufwärts zum *Eischberg* (Wehranlage) und auf der Krete SW-wärts der Rheintal-Flexur entlang bis zum Waldausgang. Abstecher: Fusspfad abwärts zum Studium der Transgression des ‹Meeressand›-Konglomerates über Rauracien-Korallenkalk an der oberen Kante des Muggenberg-Ostabhanges. Aufstieg bis zum Schloss.

Vor dem *Schloss Pfeffingen* (Waldschule) Blick nordwärts in das SE-Ende des Rheingrabens und auf die Rheintal-Flexur, S und E hinter dem Schloss biegt der steilstehende und teilweise von ‹Meeressand› und Fischschiefern überlagerte, W–E gerichtete Malmkalk-N-Schenkel der Blauen-Antiklinale scharnierartig in die NE streichende Rheintal-Flexur um. ‹Nahtlose› Überprägung des älteren Rheingraben-E-Randes durch die Jurafaltung!

Abstecher: Besuch der bis ins 11. Jahrhundert zurückdatierten *Ruine Pfeffingen*, die vorwiegend auf Rauracien-Korallenkalk des Blauen-N-Schenkels steht. Mehrere Querstörungen, die Sequankalk gegen Rauracien-Korallenkalk versetzen.

Von der Ruine WNW-wärts auf der ansteigenden Strasse, die W Pt. 502.4 den steilstehenden, zum Teil überkippten Malmkalk-N-Schenkel der Blauen-Antiklinale durchsticht. Tektonisch beanspruchte Liesberg-Schichten und unterer Korallenkalk beim Rebhäuschen an der Weggabelung Richtung Leutschimatt.

Auf dem durch mehrere Ruinen markierten ‹Burgengratweg› nach WNW via Pt. 508.9–Chlyfegg–Münchsberg–Schalberg bis in die Klus bei *Tschäpperli* (Frohberg) wandern wir meistens auf dem steilstehenden, teilweise etwas nach N verschobenen Malm-N-Schenkel der Blauen-Antiklinale. Im S ist über dem Rutsch- und Blockschuttgebiet der Bergmatten die flachliegende Malmkalk-Kuppe des Eggberges zu sehen, von der sich wahrscheinlich schon Ende Pliocaen die Sackung des heutigen Gmeiniwald losgelöst hat und zusammen mit Oxford-Mergeln nach N abgerutscht ist.

Auf einem Abstecher durch den *Bielgraben* und Anstieg bis Pt. 492 erhalten wir einen Einblick in den Oberen und Mittleren Dogger (Callovien–Ferrugineus Oolith–Hauptrogenstein mit Movelier-Schichten) des hier ostwärts abtauchenden Gewölbes der Blauen-Antiklinale (vgl. stratigr. Profil Abb. 87 und geol. Karte).

Via Ruine Tschöpperli (ebenfalls auf Rauracien-Korallenkalk errichtet) erreichen wir den *Gmeiniwald* und das noch aus einigen Kalkplatten bestehende neolithische Dolmengrab (Koord. 609.800/257.500), in dem 1909 zahlreiche Skelette gefunden worden sind. Via Pt. 374 und dann ostwärts bis Pt. 354 (Rüti) durchqueren wir die teilweise noch im Schichtverband vorhandenen oder dann aber chaotischen Malmkalke der alten Sackung. Beim Bau des Reservoirs ist man 1975 unter den Kalken auf buntgefärbte Tonmergel der Elsässer Molasse gestossen. Am E-Sporn des Gmeiniwaldes lassen sich gelegentlich auf Kote ca. 340 m Geröile der Wanderblock-Formation (umgelagert?) nachweisen. Rückmarsch auf der Birs-Niederterrasse nach Aesch.

Abb. 83.
Schlossgarten, Pfeffingen. ‹Meeressand›-Grobkonglomerat (Rupélien) aus Malmkalk-Komponenten, aufgearbeitet längs einer ursprünglichen Steilküste am E-Rand des Rheingrabens. Die hier mit 30° SW-fallende Strandablagerung liegt diskordant (nicht direkt aufgeschlossen) auf 10° NW-fallendem Malmkalk der Rheintal-Flexur. Exk. 7. (5.5.86).

Abb. 84.
Ruine Pfeffingen, Markstein des Zusammentreffens dreier Struktureinheiten: Faltenjura, Tafeljura und Rheingraben, auf steilstehendem Malmkalk-Nordschenkel der Blauen-Antiklinale errichtet. Exk. 1, 7. (15.3.77).

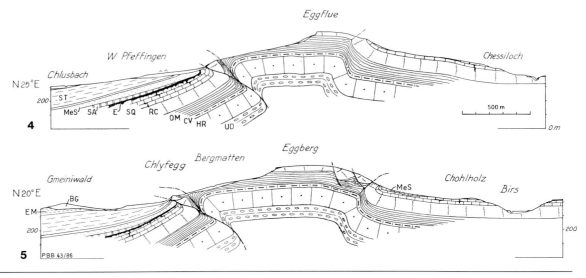

Abb. 85.
Geologische Querprofile durch die E Blauen-Antiklinale (Pfeffingen–Eggflue).

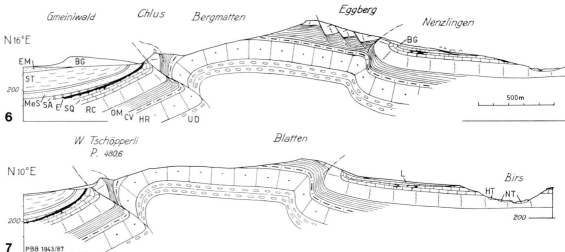

Abb. 86.
Geologische Querprofile durch die Blauen-Antiklinale bei Tschäpperli-Chlus (Exk. 7).

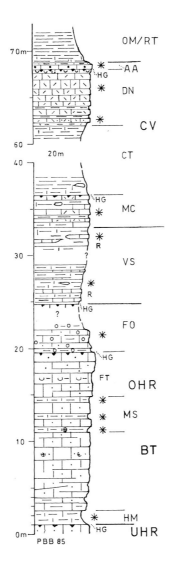

Abb. 87.
Stratigraphisches Profil des Oberen Dogger des östlichen Blauengebietes (Hinterhärd–Blatten–Bielgraben–Obere Chlus).
Aufnahme 1941, ergänzt nach H. Schmassmann, F. Lieb; und H.J. Stäuble 1959.

OM Oxford-Mergel
RT Renggeri-Ton

CV Callovien
AA Anceps-Athleta-Schichten
DN Dalle nacrée
CT Callovien-Ton
MC Macrocephalus-Schichten
BT Bathonien
VS Varians-Schichten
FO Ferrugineus-Oolith
MS Movelier-Schichten
OHR Oberer Hauptrogenstein
HM Homomyen-Mergel (Obere Acuminata-Schichten)
UHR Unterer Hauptrogenstein

HG Hardground
FT Fossilientrümmer-Kalk
R Rhynchonellen

Faltenjura

Exkursion 8
Dittinger Bergmattenhof–
Brunnenberg–Chall–
Bergmattenhof

Ziel	*Dogger-Kern und S-Schenkel der W Blauen-Antiklinale*
Start/Anfahrt	Dittinger Bergmattenhof, Auto Ⓟ, via Zwingen
Exkursionsart	Fusswanderung 9 km, Aufstieg 270 m
Ende/Rückfahrt	Wie Start
Dauer	Ganztägig
Route	Bergmattenhof oder W Uf Egg Pt. 558–Obmert Pt. 617–(Pt. 697)–Radme Pt. 725–Brunnenberg (Metzerlenchrüz)–Pt. 769–Chall Passhöhe–Pt. 621 Bergmattenhof–Pt. 558
Stratigraphie	Oxfordien (Malmkalke, Oxford-Mergel), Callovien (Dalle nacrée), Varians-Schichten, Ferrugineus-Oolith, Hauptrogenstein, Unterer Dogger
Tektonik	Längs- und Querstörungen im Kern und in der S-Flanke
Hydrogeologie	Quellen im Bergmattengebiet, Quellen von Dittingen
Ur- und Frühgeschichte	Römischer Steinbruch beim Reservoir E oberhalb Dittingen
Diverses	Anormal breite Combe von Bergmatten, Bajocien-Korallen, Hardgrounds Hauptrogenstein
Verpflegung	Rest. Bergmattenhof
Karten	Geol. Atlas 1:25 000, Bl. Arlesheim, Rodersdorf; LK 1:25 000, Bl. 1067, 1066
Literatur	BITTERL, P. (1945), FISCHER, H. (1969).

Beschreibung

Der Bau der Blauenkette beim *Dittinger Bergmattenhof* ist aus dem Profil 15 Abb. 88 ersichtlich.

Bei der Anfahrt oberhalb Dittingen rechts längs der Strasse Anhäufung von periglazialem? Verwitterungsschutt in aufgelassenen ‹Grien›-Gruben (Kote 510). In der Nähe von Pt. 558 parkieren wir und studieren die durch Bruch gestörte Knickzone des Malmkalk-S-Schenkels. Im Anstieg zum *Obmert* treten wir in der Strassenkurve Pt. 617 von Sequankalken in Rauracien-Kalke über und etwa 200 m weiter nach NW in die Oxford-Mergel (Terrain à chailles). Aus dem Vorkommen und der Schichtlage der Malmkalke muss hier eine Querstörung angenommen werden (vgl. geol. Karte). Nach weiterem Anstieg Abstecher zur Wegkurve Pt. 697: eisenoolithische Anceps-Athleta und fossilreiche Macrocephalus-Schichten am N Wegbord nach der Kurve. Etwas zurück und weiter bis Pt. 725 S Radme.

Von der Strassenkehre 100 m SSE Pt. 725 aus können wir einen Abstecher nach SSW bis Pt. 738.6 unternehmen, wo 1975 die Übergangszone der Liesberg-Schichten aufgeschlossen war.

Von Pt. 725 aus wandern wir nun längs des *Radme* und des *Brunnenberges* auf der S-Seite des vorwiegend steil einfallenden

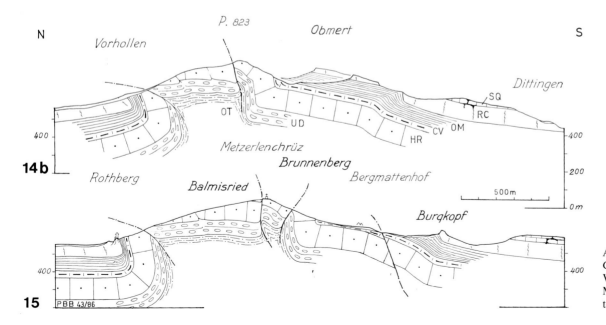

Abb. 88.
Geologische Querprofile durch die W Blauen-Antiklinale (Rotberg–Metzerlenchrüz–Dittinger Bergmatten).

Exkursion 8

Radme
(Blauen, 550 m E Metzerlenchrüz)
Kote 730 m
Aufnahme: 14.11.74

Rebholden/Talacher
(Sichteren)
SE Pt. 549.3
Aufnahme: 30.9.77

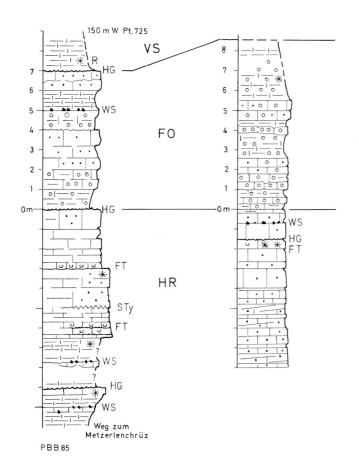

Abb. 89.
Stratigraphische Profile des Ferrugineus-Oolith. Oberer Hauptrogenstein.

VS	Varians-Schichten
FO	Ferrugineus-Oolith
HR	Hauptrogenstein
HG	Hardground
WS	Wurmspuren
STy	Stylolithen
✱	Fossilien
K	Kalk, dicht
O	Oolith
G	Groboolith
M	Mergel
FT	Fossilientrümmerbett
R	‹Rhynchonella varians›

und durch Verwerfungen gestörten Doggerkerns der Blauen-Antiklinale bis zum Chall-Pass. Vorerst noch im Callovien verraten sich dann etwa 100 m W Pt. 725 am Wegrand die Varians-Schichten (Oberes Bathonien) aufgrund einiger Rhynchonellen; hierauf erscheinen die ersten steilstehenden Bänke des Ferrugineus-Oolith. Bis zur Fusswegabzweigung zum Metzerlenchrüz können wir ein annähernd durchgehendes Profil des Oberen Hauptrogensteins studieren.

Weiter westwärts im Unteren Hauptrogenstein bis Ordinate 603, wo der Untere Dogger mit fossilreichem Bajocien (Korallen!) auftritt. Etwa 200 m W Pt. 769 treten wir auf das Gebiet der LK 1066 über (Geol. Atlasblatt Nr. 49, Rodersdorf, 1965) und folgen dem Weg bis zur Challstrasse.

Etwas S der *Chall-Passhöhe* sind fossilreiche Homomyenmergel – durch eine Längsstörung an Callovien-Ton anstossend – aufgeschlossen. Beidseits des Passes ist der Hauptrogenstein fast durchgehend längs der Strasse sichtbar (vgl. geol. Karte; Achtung Autoverkehr!).

Auf unserem Weg zurück zum *Dittinger-Bergmattenhof* treten wir bei Ordinate 602 ins Callovien über, wobei uns die immer breiter werdende Callovien/Oxford-Combe auffällt. Dies dürfte auf eine auf Blatt Rodersdorf nachgewiesene Längsstörung (Aufschiebung) zurückzuführen sein, die eine Schichtenrepetition verursacht.

Etwa 250 m W Pt. 621 ist in einer kleinen Grube bei einer Querstörung rostbraune, plattige Dalle nacrée (eine Echinodermenbreccie) aufgeschlossen, eine Fazies des Callovien, die gegen E auskeilt. Vom Bergmattenhof ostwärts blickend, fällt uns die rapide Verengung der Callovien/Oxford-Combe auf, die S des Blauenkamms in der Zone Pt. 660–Pt. 600 (In den Tannen–Stelli) bis auf Null zusammenschrumpft, was durch eine Längsstörung (Rückschiebung) entstanden ist. Dadurch entsteht hier die sehr unterschiedlich verformte Antiklinale, was den Bau des Dogger-Kerns bzw. Malm-Mantels betrifft (Disharmonische Faltung). Zurück zum Ausgangspunkt.

Abb. 90.
Macrocephalites (Ammonit) – Leitfossil der Macrocephalus-Schichten, Oberer Dogger (Callovien). Durchmesser: 17 cm.

Abb. 91.
Waldstrasse SW Dittinger Bergmattenhof, 225 m W Pt. 621. Eisenschüssiger Spatkalk, sog. Dalle nacrée, Callovien. Exk. 8. (4.4.85).

Exkursion 9
Hofstetten–Esselgraben–
Blauen–Chälengraben

Ziel	N-Flanke und Kern der zentralen Blauen-Antiklinale
Start/Anfahrt	N-Ausgang Chälengraben, Auto ℗ oder Anmarsch von Ettingen/Flüh oder Hofstetten (PTT-Bus)
Exkursionsart	Fusswanderung 6 km, Aufstieg 300 m, oberer Chälengraben erschwert
Ende/Rückfahrt	N-Ausgang Chälengraben
Dauer	Bei gekürztem Programm halbtägig, bei eingehenderem Studium der Aufschlüsse ganztägig
Route	Chälengraben/Radmer Pt. 527–Strasse Bergmatten bis Pt. 639–mittleres Wallental (Kantonsgrenze)–Pt. 658 Esselgraben–Pt. 729 Wallental–Blauen Pt. 820–Bergmatten–Oberer und Unterer Chälengraben
Stratigraphie	Malmkalke, Hauptrogenstein, Unterer Dogger, Opalinus-Ton
Tektonik	N-Flanke der Blauen-Antiklinale, Kernstörungen, Esselgraben-Querstörung, überkippte Dogger-Kernzone
Hydrogeologie	Quellfassungen S Fürstenstein/Wallental, Bergmatten, Karst-Versickerung Chälengrabenbach
Ur- und Frühgeschichte	Römische Mauerreste in Hofstetten (Hinweis).
Diverses	Sackung und Rutschung Bergmatten
Verpflegung	Rest. Hofstetter Bergmatten
Karten	Geol. Atlas 1:25 000, Bl. Arlesheim; LK 1:25 000, Bl. 1067
Literatur	BITTERLI, P. (1945).

Beschreibung

Das Studium des Kerns und der N-Flanke der zentralen Blauen-Antiklinale beginnen wir am N-Ausgang des *Chälengrabens* (Pt. 527, Radmer), SW Hofstetten. Über langsam sich aufrichtenden Schichten von Sequankalken und Rauracien-Korallenkalk der N-Flanke folgen wir der Strasse nach den Bergmatten bis Pt. 639 und dann horizontal ostwärts bis zur Kantonsgrenze im mittleren *Wallental*. Hier stossen wir auf den durch Längsstörungen geprägten und überkippten Gewölbekern aus Hauptrogenstein und Unterem Dogger (Blagdeni- und Humphriesi-Schichten). Weiter ostwärts durchqueren wir wieder steilstehenden Hauptrogenstein (inkl. Homomyen-Mergel), der bei Pt. 658 durch die ENE streichende Esselgraben-Störung abgeschnitten wird, die möglicherweise eine durch die Jurafaltung überprägte Rheingraben-Verwerfung darstellt.

Wir steigen den *Esselgraben* in SW Richtung aufwärts bis zur Kantonsgrenze und dann leicht abwärts bis Pt. 729 im oberen Wallental, in welchem wir westwärts wieder ansteigen bis auf 790 m Höhe, von wo aus wir südwärts auf einem Fusspfad den *Blauenkamm* erreichen. Über den höchsten Pt. 837 gelangen wir westwärts bis Pt. 820. Während des ganzen Aufstieges sind wir im Hauptrogenstein verblieben, haben jetzt aber die schmale Zone der steileinfallenden Gewölbe-S-Flanke erreicht.

Bei Pt. 820 beginnt unser Abstieg vorerst auf die *Hofstetter Bermatten* und später durch den ganzen Chälengraben bis zum Ausgangspunkt. Direkt unterhalb des Blauenkammes durchqueren wir Schichten des Unteren Dogger und dann das nur gelegentlich und stellenweise aufgeschlossene Rutschgebiet aus

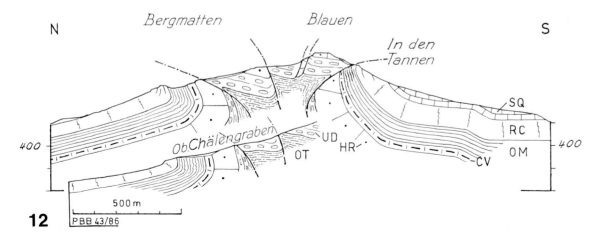

Abb. 92.
Geologische Querprofile durch Blauen-Antiklinale (Hofstetter Bergmatten–Chälengraben).

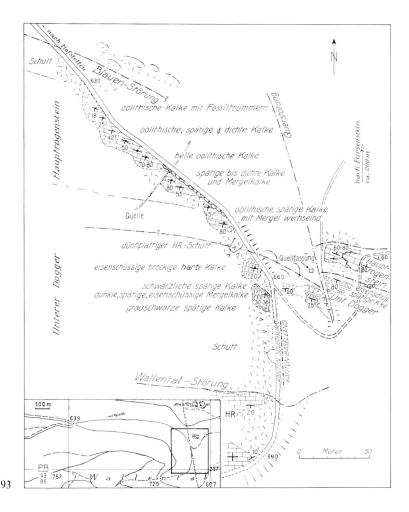

Abb. 93.
Kartenskizze der Gegend unteres Wallental S Fürstenstein.

Opalinus-Ton; östlich des Fusspfades liegt eine Sackung aus Hauptrogenstein und Unterem Dogger.

Zur Durchquerung der Dogger-Kernzone längs des *oberen Chälengrabens* steigen wir vor dem Bergmattenhof links in die Schlucht ab. Da kein Weg vorhanden und der Durchgang oft beschwerlich ist, können wir uns bequemer, vorerst am Hof vorbei im bewaldeten Steilabhang W hinter dem Stall, den senkrecht einfallenden Hauptrogenstein ansehen. Dann zurück zum Hof und auf der Strasse abwärts an überkipptem Hauptrogenstein (im Steinbruch) vorbei bis auf die untere Bergmatte (BLT-Spielwiese). Von hier aus westwärts zum Chälengraben und jetzt dem Bach entlang aufwärts, um das Profil des Oberen Hauptrogensteins zu studieren. Die auf der Geologischen Karte eingezeichnete Kern-Aufschiebung (Blauen-Störung) ist an dieser Stelle nicht direkt sichtbar. Dem Bach entlang zurück.

Als Abschluss durchqueren wir nordwärts die aufschlusslose Combe von Callovien und Oxford-Mergeln und steigen dann in die eigentliche (untere) ‹Chälengrabenschlucht› ein, die von hier aus durch den Bach in den hangabwärts flacher werdenden Malmkalk-N-Schenkel der Blauen-Antiklinale eingeschnitten wurde. Während des Abstiegs bis zum Parkplatz durchqueren wir das ganze Profil der Rauracien-Korallenkalke bis in die Basis der Sequan-Kalke.

Das Wasser des Chälengrabenbaches versickert meistens im unteren Teil der Schlucht vollständig in den klüftigen Malmkalken und entwässert unterirdisch in Richtung Ettingen (Badquelle!), wie durch Färbversuche nachgewiesen wurde. Sogar die Abwässer des E Dorfteils von Hofstetten wurden früher in einen über einer Kluft errichteten Schacht abgeleitet; sie verunreinigten nachweisbar das Ettinger Quellwasser!

Abb. 94.
Esselgraben SE Fürstenstein bei Hofstetten, am Waldweg auf Kote 580. Steil nordwärts einfallende, tektonisch beanspruchte Homomyen-Mergel (Acuminata-Schichten) des Hauptrogensteins im Doggerkern der Blauen-Antiklinale. Exk. 9, 10. (9.3.77).

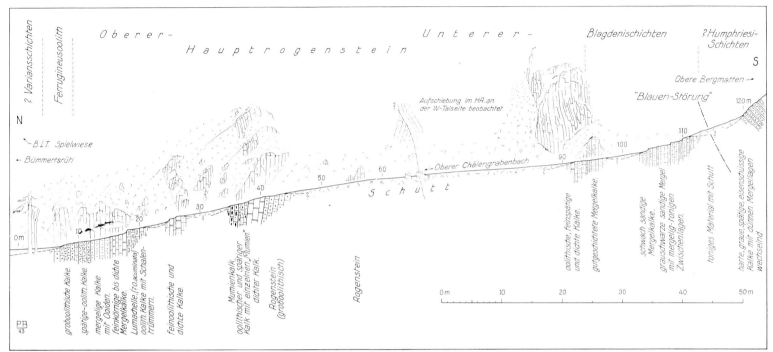

Abb. 95.
Profil des Dogger im oberen Chälengraben, Hofstetter Bergmatten (Exk. 9).

Exkursion 10
Bergheim Blauen Reben–
Blauen–Amselfels–Bergheim

Ziel	*Malm-S-Schenkel und Dogger-Kern der E Blauen-Antiklinale*
Start/Anfahrt	Bergheim Blauen Reben P; per Auto via Birstal, ca. 3 km W Grellingen Abzweigung ‹Nenzlingen›, nach 350 m (Pt. 360) Fahrweg nach Blauen Reben
Exkursionsart	Fusswanderung 10 km, Aufstieg 430 m
Ende/Rückfahrt	Wie Start
Dauer	Ganztägig, auf abgekürzter Route halbtägig
Route	Bergheim Pt. 498–Alter Steinbruch Chleiblauen–Pt. 452–Pt. 501–Blauen–Pt. 551–Stelli Pt. 660–Blauen (Berg) Pt. 765–Pt. 658–Esselgraben bis Kote 580–Neupfadrain Pt. 525–Pt. 584–Cholholz–Pt. 577 Blatten–Bergheim, Abstecher: Wallental und Amselfels
Stratigraphie	‹Meeressand›, Oxfordien, Callovien, Hauptrogenstein (Ferrugineus-Oolith, Homomyen-Mergel)
Tektonik	Steilstehende Malm-S- und -N-Schenkel, Dogger-Kern E Blauen-Antiklinale, Stelli-Störung, Esselgraben-Störung
Hydrogeologie	Quellen in Comben und E Blauen (Dorf)
Ur- und Frühgeschichte	Blauen–Blatten–Ettingen: Römerstrasse
Diverses	Reduktion der Combe: Stelli
Verpflegung	Bergheim Blauen Reben
Karten	Geol. Atlas 1:25 000, Bl. Arlesheim; LK 1:25 000, Bl. 1067
Literatur	BITTERLI, P. (1945).

Beschreibung

Vom *Bergheim Blauen Reben* 200 m ostwärts bis zur Strassenkurve, in der steileinfallender gelber ‹Meeressand› ansteht, was darauf hinweist, dass hier die Steilstellung der Blauen-S-Flanke – somit auch die Jurafaltung – später als Rupélien erfolgt ist.

Dann südwärts an Pt. 470.1 vorbei und einen alten Sackungswall von Malmkalk durchquerend zum aufgelassenen, heute schlecht aufgeschlossenen ‹Meeressand›-Steinbruch von *Chleiblauen* (Koord. 607.950/255.850), der früher eine beliebte Fossilien-Sammelstelle war für Haifischzähne, *Pectunculus, Cerithium,* usw. Die totale ‹Meeressand›-Mächtigkeit der hier flachliegenden Schichten beträgt etwa 14 m (vgl. stratigr. Kolonne Abb. 96). Meistens liegen genügend zerschlagene ‹Meeressand›-Brocken herum, um die variierende Lithologie studieren zu können.

Auf unserem Weg durchs *Usserfeld* kommen wir bei Pt. 483.0 wieder an einem Bergsturzwall vorbei. Es handelt sich dabei um alte (pliocaene-frühquartäre?) Sackungen und Bergstürze, die vom steilen Malmkalk-S-Schenkel der Blauen-Antiklinale herstammen. Bei Pt. 501 gelangen wir auf die Strasse, die uns teilweise durch mergelige Natica-Schichten nach Blauen führt.

Aufstieg via Pt. 551 bis Pt. 660 W *Stelli* (Lindengruppe), wo steilaufgerichteter, durch die Stelli-Rücküberschiebung abge-

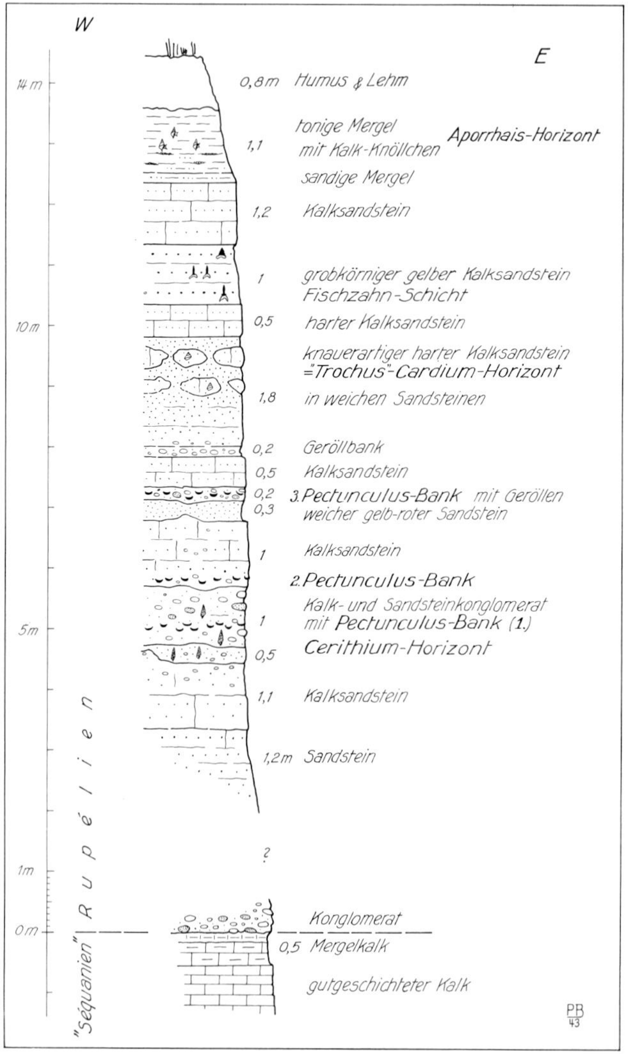

Abb. 96.
Profil des ‹Meeressandes› (Rupélien) im Steinbruch 700 m NNE von Chleiblauen (Aufnahme: P. BITTERLI und F. WOLTERSDORF, 12.3.43).

schnittener Rauracien-Korallenkalk (Harnische!) ansteht (vgl. Profil 9, Abb. 97 und geol. Karte). Bei Zeitmangel kann die Exkursion hier abgebrochen werden. Rückweg via Räben, Hinterhärd zum Biotop, das in einer früheren Grube in den Renggeri-Tonen angelegt wurde.

Für die weitere Exkursion steigen wir von Stelli zuerst etwa 450 m westwärts längs der Störung bis zum Weg, wo Rauracien-Korallenkalk praktisch im Kontakt mit Ferrugineus-Oolith steht; dementsprechend ist auch keine Combe ausgebildet (Oxford-Mergel ‹disharmonisch› abgeschnitten). Von hier aus in ENE-Richtung aufwärts durch Hauptrogenstein bis Pt. 765 (Dreikantonsstein) auf dem Blauenkamm. Auf einem Fussweg steigen wir in den *Esselgraben* ab bis Pt. 658, wo die ENE streichende Esselgraben-Störung angedeutet ist. Wir folgen der Runse abwärts bis 580 m Höhe zum Weg, der von Fürstenstein her kommt. Hier ist steilstehender Hauptrogenstein zu sehen. Wir folgen diesem Fahrweg ostwärts, bis er unterhalb Neupfadrain bei Pt. 525 auf die Waldstrasse nach Ettingen stösst.

Eine lohnende Variante führt uns vom Blauenkamm (Pt. 765) zuerst ins *Wallental* (Pt. 729) und dann abwärts in der Mulde bzw. im Graben bis zur Kantonsgrenze, die wir in etwa 660 m Höhe überschreiten, und wo wir dem Weg nach Pt. 658 im

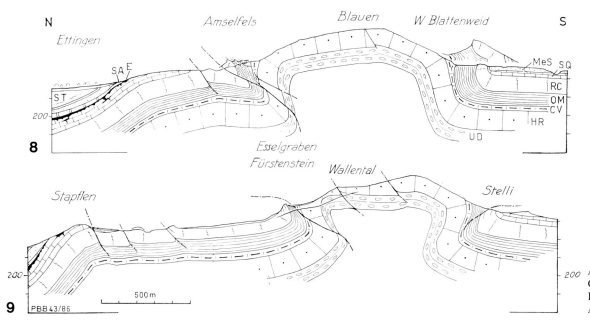

Abb. 97.
Geologische Querprofile durch die Blauen-Antiklinale (Fürstenstein/Amselfels–Blauen Reben).

Esselgraben folgen. Zum Studium der durchquerten, gestörten Dogger-Kernzone siehe Exkursion Nr. 9 und Abb. 93.

Ab Pt. 525 Abstecher zum *Amselfels* (überkippte Malmkalke des N-Schenkels, Profil 8, Abb. 97) und westwärts zur Strasse, auf der wir via Pt. 473 zurück bis zum Pt. 525 ansteigen. Mit diesem Rundgang umkreisen wir ein tektonisch kompliziertes, durch Längs- und Querstörungen gekennzeichnetes Gebiet (vgl. geol. Karte).

Wir setzen unsere Exkursion auf der Strasse nach SE bis Pt. 584, dann auf dem Weg via Cholholz bis *Blatten* (Pt. 577) fort, wobei wir im Hauptrogenstein des ostwärts abtauchenden Dogger-Gewölbes der Blauen-Antiklinale verbleiben. Auf dem Blatten-Pass treten wir auf die Callovien/Oxford-Combe über, der wir nach W abwärts bis zum Biotop folgen. Hierauf durchqueren wir südwärts den steilstehenden Malmkalk des S-Schenkels und den darüber transgredierenden und an der Strasse nach dem *Bergheim Blauen Reben* anstehenden ‹Meeressand›, den wir bereits anfangs der Exkursion studiert haben.

Exkursion 11
Grellingen–Eggflue–
Chessiloch–Grellingen

Ziel	*E-Ende der Blauen-Antiklinale (S-Flanke und Kern)*
Start/Anfahrt	Station Grellingen SBB; Auto ℗
Exkursionsart	Fusswanderung 8 km (12 km), Aufstieg 200 m (390 m)
Ende/Rückfahrt	Wie Start
Dauer	Halbtägig
Route	Station Grellingen–Pt. 325–Kirche–Pt. 425–Pt. 523 Grossi-Weid (Pt. 657–Eggflue–Pt. 610)–Pt. 520–Kapelle Usserfeld (Hochenrain)–Cholholz–Chessiloch–Pt. 333–Birs–Station Grellingen
Stratigraphie	Niederterrasse, Hochterrasse, Oxfordien, Callovien, Varians-Schichten, Ferrugineus-Oolith, Hauptrogenstein
Tektonik	Axialgefälle E-Ende der Blauen-Antiklinale, Eggflue-Gewölbe und -Störung, Malm-S-Flanke der Blauen-Antiklinale
Hydrogeologie	Grundwasserfassungen von Grellingen
Ur- und Frühgeschichte	Römerstrasse Glögglifels, prähistorische Stationen: In der Wacht, Brüggli-Höhle
Diverses	Bohrungen Nenzlingen, Grellingen
Karten	Geol. Atlas 1:25 000, Bl. Arlesheim; LK 1:25 000, Bl. 1067
Literatur	BITTERLI, P. (1945).

Beschreibung

Birsdurchbruch durch das E-Ende der Blauen-Antiklinale im sogenannten ‹Erosionszirkus› von *Grellingen*. Hauptrogenstein-Stromschnelle bei Papierfabrik Ziegler. Grundwasserfassungen im gutdurchlässigen Birsschotter. Als älteste Bohrung des Birstales ist hier 1850 durch Ing. Köhly eine Versuchsbohrung auf Kohle bis 420 m abgeteuft worden.

Von der Station über die Brücke zur Kirche. Nach dem Friedhof NE-wärts ansteigendes Strässchen. N hinter der Kirche schräggeschichteter Oberer Hauptrogenstein. Etwa 200 m weiter hinter der Sägerei guter Aufschluss des Kontakts Hauptrogenstein/Ferrugineus-Oolith (Groboolith!). Der letztere zeigt 50 m weiter in der Strassenkurve eine angebohrte Verhärtungsfläche (‹Hardground›) mit Austern.

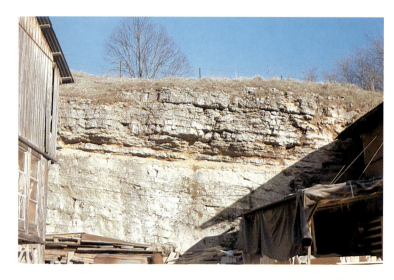

Abb. 98.
Strasse N Kirche Grellingen nach Schmälzeried; bei der Säge. Grenze des massiven Hauptrogensteins zum mergeligen Ferrugineus-Oolith. Nach SE einfallende Achse des Dogger-Kerns der Blauen-Antiklinale. Exk. 11. (4.4.85).

Abb. 99.
Strasse N Kirche Grellingen. Grobkörniger, etwas eisenhaltiger Ferrugineus-Oolith. Die Basis wird durch eine mit Austern besetzte Verhärtungsfläche (Hardground) gebildet. Exk. 11. (4.4.85).

Exkursion 11

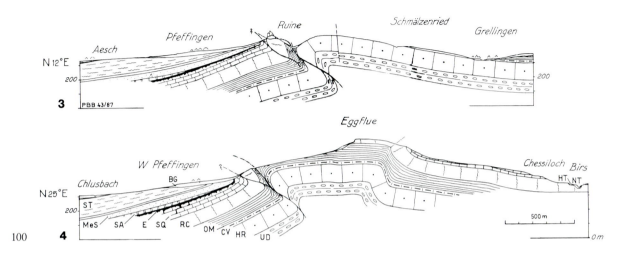

Abb. 100.
Geologische Querprofile durch das E-Ende der Blauen-Antiklinale bei Pfeffingen–Chessiloch (Exk. 11).

Abb. 101.
‹Glögglifels› an der römischen Strasse Grellingen–Nenzlingen (mit Wagenrad-Rinnen). Rauracien-Korallenkalk-Klotz des Malmkalk-S-Schenkels der Blauen-Antiklinale. Exk. 11. (8.4.86).

Anstieg bis Pt. 425 im Axialgefälle (10° SE) im Oberen Hauptrogenstein. Blick nach W: Callovien-Tälchen; Abhang mit Blockschutt übersäte Oxford-Mergel, überlagert vom Malmkalk-S-Schenkel der Blauen-Antiklinale und halber Gewölbekuppe der Eggflue; etwa 150 m S des PTT-Sendeturms steile Knickzone des Rauracien-Korallenkalks und schwache Aufschiebung (Rücküberschiebung), die westwärts auf eine weite Strecke verfolgbar ist (s. geol. Karte).

Ab Pt. 425 etwa 200 m weiter bis zur Weggabelung steigt der Weg in den Varians-Schichten (*Rhynchonella varians* = *Rhynchonelloidella alemanica* ROLLIER am Wegbord) und im Callovien an. Wir folgen dem Weg rechts nach N, und überqueren nach 150 m eine schwache Kuppe aus Hauptrogenstein, d.h. wir haben eine Verwerfung überschritten. Am unteren Weg ist hier 1981 für das Strassentunnelprojekt eine 131 m tiefe Sondierbohrung niedergebracht worden. Anstieg bis Pt. 523 und *Grossi Weid*. Links des Weges im Ackerschutt äusserst fossilreiches Callovien!

Ab Pt. 523 stehen uns zwei Varianten zur Verfügung:

a) Aufsteigender Weg SW-wärts unter der Eggfluh bis Kote 590 mit gelegentlich angeschnittenen Oxford-Mergeln (Terrain à chailles) und dann auf steilem Fusspfad direkt zur *Eggflue* oder nach W ausholend via Pt. 657. Bei klarer Sicht lohnender Ausblick auf Tafeljura und Rheingraben! Abstieg zum ‹Glögglifels› (römische Wagenrad-Rillen im Malmkalk-Wegbett!).

b) Von Pt. 523 nach S längs Kantonsgrenze Richtung Nenzlingen. Beim *Glögglifels* durchqueren wir den Malmkalk-S-Schenkel der Blauen-Antiklinale.

Von Pt. 520 via Kapelle Abstieg durchs Usserfeld im Sequankalk. W des Schiessstandes wurde 1981 eine 146 m tiefe Sondierbohrung ausgeführt, die 115 m Malmkalk durchteufte. Nach Wunsch Abstecher zur quartären Kalktuff-Grube (Absatz von Quellsinter) Hochenrain 200 m NNE Pt. 336. Zurück auf Waldweg, der am *Cholholz*-Abhang entlang zum Chessiloch führt. Profil: Natica-Schichten–Rauracien-Korallenkalk und -Oolith. Unterwegs auf Kote ca. 480 prähistorische Station ‹Brüggli-Höhle› wenig unterhalb des Weges.

Beim *Chessiloch*-Durchbruch der Birs durch den Malm-S-Schenkel der Blauen-Antiklinale. Längs des Weges über der Landstrasse Reste von Birs-Hochterrasse, etwas weiter links Halbhöhle (Balm) der prähistorischen Station ‹Wachtfels›, dann abwärts zur Strasse nach Grellingen (Achtung Verkehr!) Nach 500 m zweigen wir nach rechts ab zur Birs hinunter auf die Niederterrasse, die hier den Oxford-Mergeln aufliegt. Eine hydrogeologische Bohrung des Berner Wasserwirtschaftsamtes hat 1979 an dieser Stelle bis 213 m Tiefe (Unt. Hauptrogenstein) keinen nennenswerten Erfolg erzielt. Unterhalb des Stauwehrs überqueren wir den Fluss und folgen dem Weg bis zur SBB-Station (Hauptrogenstein längs der S-Seite des Bahnhofs).

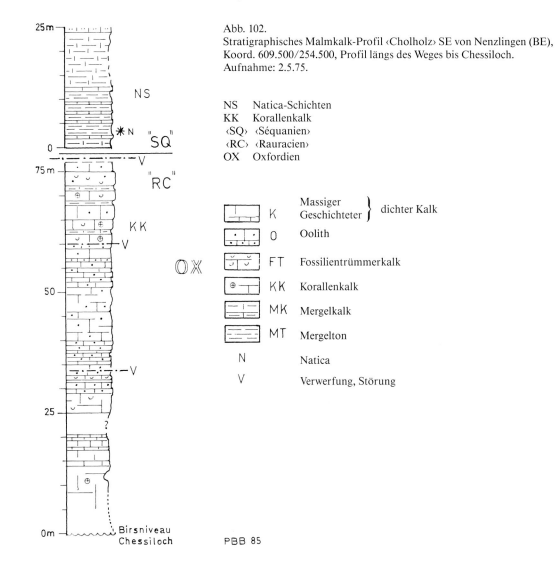

Abb. 102.
Stratigraphisches Malmkalk-Profil ‹Cholholz› SE von Nenzlingen (BE),
Koord. 609.500/254.500, Profil längs des Weges bis Chessiloch.
Aufnahme: 2.5.75.

NS Natica-Schichten
KK Korallenkalk
‹SQ› ‹Séquanien›
‹RC› ‹Rauracien›
OX Oxfordien

Exkursion 12
Tongruben Liesberg

Ziel	*Dogger und Malm der Tongruben von Liesberg (Berner Jura)*
Start/Anfahrt	Station Liesberg SBB; Auto ℗
Exkursionsart	Fusswanderung ca. 5 km, Aufstieg 100 m; Autozufahrt
Ende/Rückfahrt	Wie Start
Dauer	Halbtägig für Übersicht, ganztägig bei Detailstudium
Route	Station Liesberg–Staatsstrasse SW Liesbergmüli–Untere Tongrube–Obere Tongrube–Oberrüti–Steinbruch 700 m NNE Bahnstation (Abstecher)
Stratigraphie	Malmkalke, Liesberg-Schichten, Oxford-Mergel, Callovien, Varians-Schichten, Hauptrogenstein
Tektonik	N-Schenkel Movelier-Kette
Karten	Geol. Atlas 1:25 000, Bl. Movelier–Soyhières–Delémont–Courrendlin, No. 1, 1930; LK 1:25 000, Bl. 1086 (Delémont)
Literatur	BERNOULLI, D., & GYGI, R.A. in: BAYER, A., et al. (1983): SGG-Exkursion 12.9.82, Zyklische Sedimentation und Karbonatplattform-Entwicklung. – Eclogae geol. Helv. *76*/1, 126–137. FISCHER, H. (1965): Oberer Dogger und Unterer Malm des Berner Jura. – Bull. Ver. schweiz. Petrol.-Geol. u. -Ing. *31*/81. LAUBSCHER, H.P. (1967): Exkursion Nr. 14, Basel–Delémont–Moutier–Biel; Das Profil der Tongruben von Liesberg. – Geol. Führer Schweiz *4*, 224–226. STÄUBLE, A.J. (1959): Zur Stratigraphie des Callovien im zentralen Schweizer Jura. – Eclogae geol. Helv. *52*/1, 79–81.

Beschreibung

Zusammen mit den Aufschlüssen längs der Strasse SW Liesbergmüli (Koord. 599.600/249.350) lässt sich in den beiden Tongruben die gesamte vertikale Abfolge des Mittleren und Oberen Jura, dessen regressiv-zyklische Sedimentation, beobachten. Jeder Zyklus beginnt in der Regel mit einem ‹Hardground› (durch Sedimentationsunterbruch bedingte Verhärtungs-Oberfläche) oder mit eisenoolithischen Mergeln, welche einen Sedimentations-Stillstand bzw. eine -Verlangsamung mit früher Zementation anzeigen. Darüber folgen in tieferem Wasser abgelagerte Tonmergel und Mergel, die nach oben in Sedimente von zunehmend seichterem Ablagerungsmilieu übergehen, d.h. in mergelige Kalke und schliesslich Oolithe oder Korallenkalke. Das Dogger-Malm-Profil umfasst zwei Grosszyklen, denen mehrere Kleinzyklen überlagert sind.

Wir beginnen unsere Beobachtungen auf der N-Seite längs der *Hauptstrasse* im gegen 100 m mächtigen unteren Hauptrogenstein, der durch eine Abfolge von mehrere Meter mächtigen Kleinzyklen aufgebaut ist, die jeweils mit fossilreichen Mergeln beginnen und in bioklastische bis oolithische Kalke übergehen. Darüber folgt eine 11 m mächtige, diagonalschichtige, vorwiegend oolithische Bankfolge mit ‹Mumien› (Onkoide), die von einem verkrusteten und angebohrten ‹Hardground› abgeschlossen wird.

Die darüberliegende 22 m mächtige Folge umfasst die fossilreichen Homomyen-Mergel (Austern!) mit Knauern und Kalk-Einlagerungen. Der etwa 25 m mächtige obere Hauptrogenstein lässt sich in vier kleine regressive Zyklen unterteilen. Als lithologisch-stratigraphische Einheiten können unterschieden werden: Movelier-Schichten mit angebohrten Korallenstöcken, Pierre

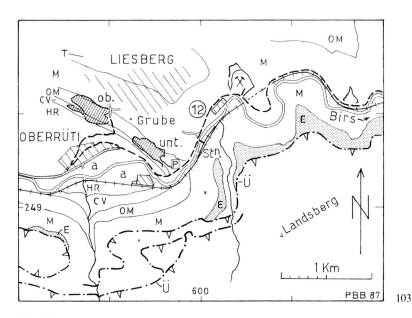

Abb. 103.
Situationsskizze der Gruben von Liesberg (Geologie nach W.T. KELLER 1915–19, Geol. Atlas Bl. 1, 1930).

T Tertiär (Chattien)
E Eocaen
M Malmkalk (Rauracien-Korallenkalk und Sequankalk)
OM Oxford-Mergel
CV Varians-Schichten und Callovien
HR Hauptrogenstein
Ü Überschiebung der Vorbourg-Antiklinale auf die nach SE abtauchende Movelier-Kette

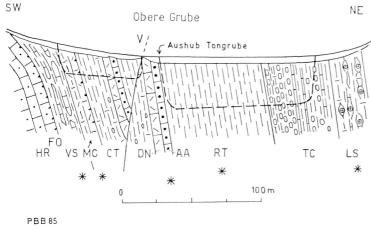

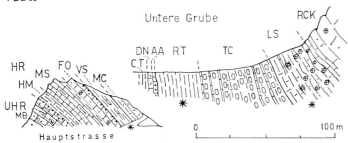

Abb. 104.
Profile der beiden alten Tongruben von Liesberg.
Nach E. Greppin & A. Buxtorf 1907; H. Fischer 1965; H. Laubscher 1967.

RCK	Rauracien-Korallenkalk	VS	Varians-Schichten
LS	Liesberg-Schichten	FO	Ferrugineus-Oolith
TC	Terrain à chailles	HR	Hauptrogenstein
RT	Renggeri-Ton	MS	Movelier-Schichten
AA	Anceps-Athleta-Schichten	HM	Homomyen-Mergel
DN	Dalle nacrée	UHR	Unterer Hauptrogenstein
CT	Callovien-Ton	*	Fossilien
MC	Macrocephalus-Schichten	V	Verwerfung

Blanche und korallenführender, mergeliger Ferrugineus-Oolith. Letzterer wird von einem ‹Hardground› mit Eisenhydroxidkrusten, Austernschalen und feinen, tiefen Bohrlöchern abgeschlossen.

Auch die nachfolgenden, einen weiteren Zyklus bildenden Varians-Schichten des oberen Bathonien und die unteren Macrocephalus-Schichten des Callovien sind noch längs der Strasse aufgeschlossen, während die jüngeren Formationen – je nach Aufschlussverhältnissen – in den *unteren bzw. oberen Tongruben* zu studieren sind. (Die untere Grube wird seit 1985 mit Deponieschutt aufgefüllt).

Die Varians-Schichten bestehen aus einer etwa 12 m mächtigen Wechselfolge von grauen Mergeln und knauerigen Kalken, oft reich an Bivalven und Brachiopoden, vor allem die weitverbreitete *Rhynchonelloidella alemanica* Rollier *(=Rhynchonella*

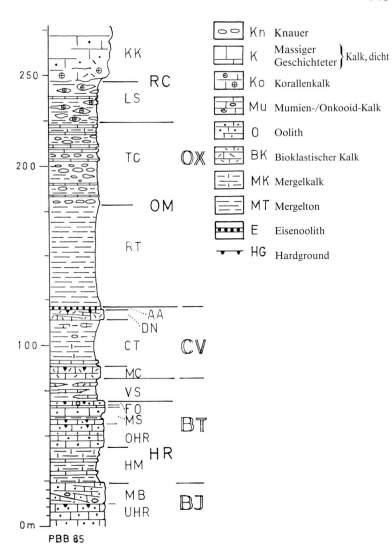

Abb. 105.
Stratigraphisches Malm-Dogger-Profil von Liesberg (BE). Nach H. Fischer 1965, H. Laubscher 1967, D. Bernoulli & R.A. Gygi 1983.

OX	Oxfordien	MC	Macrocephalus-Schichten
RC	‹Rauracien›	BT	Bathonien
KK	Korallenkalk	VS	Varians-Schichten
LS	Liesberg-Schichten	FO	Ferrugineus-Oolith
OM	Oxford-Mergel	MS	Movelier-Schichten
TC	Terrain à chailles	OHR	Oberer Hauptrogenstein
RT	Renggeri-Ton	HR	Hauptrogenstein
CV	Callovien	HM	Homomyen-Mergel
AA	Anceps-Athleta-Schichten	BJ	Bajocien
DN	Dalle nacrée	MB	Mumienbank
CT	Callovien-Ton	UHR	Unterer Hauptrogenstein

varians). Die etwa 7 m mächtigen, limonithaltigen, mergelig-kaligen Macrocephalus-Schichten enden mit einer an der SW-Wand der unteren Tongrube sichtbaren fossilreichen Verhärtungsfläche.

Zu einem neuen Zyklus gehört der etwa 25 m mächtige Callovien-Ton; ein graues, Pyrit- und Foraminiferen-reiches Sediment, das mit einer Lage von Ammoniten-Mergeln beginnt und das überlagert wird von der aus Crinoiden-Fragmenten bestehenden, ockergelben Dalle nacrée (5 m) und schliesslich den wenig mächtigen, eisenoolithischen Anceps-Athleta-Schichten mit *Peltoceras (Peltoceras) athleta* (Phillips), die mit einer grossen Schichtplatte abschliessen.

Die nachfolgenden Formationen der Oxford-Stufe bilden einen einzigen Grosszyklus (auch in der *oberen Grube* aufgeschlossen). Dieser beginnt mit einem grauvioletten, 0,3 m mächtigen, eisenoolithischen Tonmergel mit Ammoniten (u.a. *Cardioceras*), der den Übergang vom Callovien zum Oxfordien anzeigt. Hierauf folgt eine etwa 90 bis 120 m mächtige Ton- und Mergelserie, die die Renggeri-Tone, das Terrain à chailles (zusammen die Oxford-Mergel bildend) und die fossilreichen (u.a. mit *Cidaris florigemma*) Liesberg-Schichten (Typus-Lokalität) umfasst. Diese wurden früher als unteres ‹Rauracien› ausgeschieden, gehören aber noch zur mittleren Oxfordien-Stufe.

Die dunkeln, etwas bläulichgrauen, z.T. mergeligen Renggeri-Tone führen im unteren Teil u.a. *Creniceras renggeri* (OPPEL) und andere kleine, als Eisensulfid-Steinkerne erhaltene Ammoniten. Ferner kommen auch Brachiopoden, Bivalven, Crinoiden und eine reiche Mikrofauna vor (Foraminiferen, Ostracoden, Coccolithen).

Zunehmender Kalkgehalt charakterisiert das nachfolgende Terrain à chailles mit seinen grauen, wechselgelagerten Mergeln und frühdiagenetisch gebildeten Kalkknauern-Lagen. Neben wenigen Ammoniten finden sich häufiger Brachiopoden (‹*Rhynchonella*› *thurmanni* = Thurmanni-Schichten), Bivalven (Pholadomyen-Schichten), Crinoiden u.a. nebst reicher Mikrofauna. Während der Ablagerung der Liesberg-Schichten erlaubte das seichter werdende Wasser das Besiedeln des Meeresbodens mit Korallen; aber auch meistens charakteristisch verkieselte Spongien, Brachiopoden, Gastropoden, Crinoiden, Echiniden und Mikrofossilien kommen vor. Den Abschluss dieses letzten regressiven Sedimentationszyklus bilden die koralligenen Schichten mit Terebrateln, Nerineen, Solenoporen usw.; es sind die fluhformenden Korallen-Kalke bzw. -Riffe des Berner und Basler Juras (oft als ausgedehnte Biostrome) und die Oolithe des mittleren ‹Rauracien› (= mittlere Oxfordien-Stufe). Diese Schichten lassen sich, z.T. tektonisch stark zerbrochen, weiterhin an der NW-Seite der Staatsstrasse gegenüber der ehemaligen Mühle verfolgen.

Je nach der zur Verfügung stehenden Zeit schalten wir noch einen Halt bzw. Abstecher ein; am besten nach dem Besuch der oberen Tongrube. Vom Strässchen von der Grube zurück nach *Oberrüti* blicken wir SE-wärts auf die jenseits der Birs liegenden Hänge. Hier erhalten wir einen Überblick über die Tektonik des abtauchenden E-Endes der Movelier-Kette. Das in den Malm-Kalken geschlossene Gewölbe wird von der Rohrberg-Überschiebung der Vorbourg-Antiklinale überfahren (Randüberschiebung des Kettenjuras), was auf eine querstreichende, alttertiäre Flexur zurückgeführt wird.

Als Abschluss besuchen wir den etwa 1 km in Richtung Basel entfernten grossen *Steinbruch* im Sequankalk N oberhalb der Strasse[8]. Der grobgebankte bis massive Oolith ist hier grossräumig aufgeschlossen und zeigt stellenweise eine tiefgreifende Verkarstung mit eingelagertem, rostrotem Bolus.

---

[8] Bei Auto-Anfahrt aus Richtung Basel Einfahrt zum Steinbruch scharf nach rechts bei Ortstafel ‹Liesberg-Station› (Achtung Verkehr!).

Abb. 106.
Untere Tongrube Liesberg, unterer Teil der Steilwand. Angebohrte und von Muscheln besetzte Verhärtungsfläche. Exk. 12. (16.4.86).

Abb. 107.
Untere Tongrube Liesberg, SW-Rand. Grossflächige, durch Abbau freigelegte Verhärtungs-Oberfläche (Hardground) der Anceps-Athleta-Schichten, Callovien. Exk. 12. (16.4.86).

Exkursion 12

Abb. 108.
Untere Tongrube Liesberg, NE-Rand. Schichtfolge (von l. nach r.): Terrain à chailles–Liesberg-Schichten–Rauracien-Korallenkalk, Oxfordien. Exk. 12. (16.4.86).

Abb. 109.
Untere Tongrube Liesberg, NE-Seite. Steil einfallende Terrain à chailles (Unteres Oxfordien). Exk. 12. (16.4.86).

Rheintal-Flexur und westlicher Tafeljura

Exkursion 13
Aesch–Falkenflue–Hochwald–Aesch

Ziel	*E-Ende der Blauen Antiklinale am Tafeljura, S-Ende der Rheintal-Flexur*
Start/Anfahrt	Aesch, BLT-11 oder SBB
Exkursionsart	Fusswanderung 17 km, Aufstieg total 570 m
Ende/Rückfahrt	Wie Start
Dauer	Ganztägig
Route	Aesch–Angenstein–Duggingen–Rödle (Pt. 425)–Schiessstand–Bannacker–Pt. 613–Falkenflue (Pt. 623.6)–Pt. 599–Pt. 634–Ziegelschüren–Schiessstand–Pt. 602–Pt. 670.4–Hochwald–Pt. 658–Eichenberg–Tüfleten–Oberäsch–Länzberg–Aesch
Stratigraphie	Niederterrasse, Hochterrasse, Wanderblock-Formation, Elsässer Molasse, Sannoisien (?), Eocaen, Malm, Callovien, Hauptrogenstein
Tektonik	E-Ende Blauen-Antiklinale, Tafeljura, Rheintal-Flexur, Schlossgraben-Störung, Hochwald-Verwerfung, Staffelbrüche
Hydrogeologie	Quellgebiet und GW-Pumpwerk Duggingen, Versickerung Hochwald-Birsquelle, Tüfleten
Diverses	Sackung Pelzfeld-Bannacker, Bergsturzgebiet Duggingen
Karten	Geol. Atlas 1:25 000, Bl. Arlesheim; LK 1:25 000, Bl. 1067
Literatur	BITTERLI, P. (1945).
	GUTZWILLER, A. (1906): Die eocänen Süsswasserkalke im Plateaujura bei Basel. – Abh. schweiz. paläont. Ges. *32,* 1905.
	LAUBSCHER, H.P. (1967): Exkursion Nr. 14, Basel–Delémont–Moutier–Biel. – Geol. Führer Schweiz *4.*

Beschreibung

Bei *Angenstein* werden die abtauchenden Malmkalke der Rheintal-Flexur von der Birs durchschnitten, die hier in den Rheingraben übertritt. N hinter dem Schloss, etwa 25 m über dem Flussniveau, teilweise zu Nagelfluh verkittete Birs-Hochterrasse. Zurück zur Steinbrücke. Wir folgen der Strasse auf dem E-Ufer der Birs in Richtung Duggingen. Nach etwa 700 m, am Birsknie, entspringt aus dem Hauptrogenstein eine Quelle, die nachgewiesenermassen durch versickertes Wasser aus dem Gebiet von Hochwald gespiesen wird. Nach der Unterführung der SBB, deren Bau durch Verwerfungen gestörten Dogger der Rheintal-Flexur zeitweise freilegte, steht linker Hand Ferrugineus-Oolith an. In schwachem Anstieg führt die Strasse am Dorfeingang von Duggingen auf die Hochterrasse.

Über den mit Bergsturzschutt überdeckten, aus Oxford-Mergeln bestehenden Abhängen oberhalb *Duggingen* erheben sich die flachliegenden Rauracien-Korallenriffe der Falkenflue, dem W-Rand des zum Tafeljura gehörenden Malmkalk-Plateaus von Hochwald–Gempen. Man beachte die kleine Aufschiebung in der Fluhwand, die als E Verlängerung der Schlossgraben-Störung angesehen wird.

Im Aufstieg SW-wärts nach Rödle, Pt. 425, durchqueren wir diese Störung, an der die Schichten des Dogger aufgeschoben und aufgebogen worden sind (Ferrugineus-Oolith und Varians-Schichten bei Pt. 425 aufgeschlossen). Somit gehört dieser aus

Abb. 110.
Böschung hinter Schloss Angenstein (Kanton Bern). Birs-Hochterrasse, z.T. zu Nagelfluh verkittet. Exk. 1, Stop 12; Exk. 13. (5.5.86).

Hauptrogenstein und Callovien bestehende Abschnitt E der Birs zum abtauchenden Sporn der Blauen-Antiklinale.

Auf unserem Anstieg via Scheibenstand (Oxford-Mergel), Bannacker (Grosse Sackung!) bis Pt. 613 am S-Ende der *Falkenflue* durchqueren wir die verrutschten und von Schutt bedeckten Abhänge unterhalb der durch Längsstörungen und Abbruchnischen gekennzeichneten Fluh. Auf etwa 600 m Höhe lässt sich am Weg eine solche Verwerfung erkennen, die Rauracien-Korallenkalk gegen Sequankalk versetzt. Weiter unten, am Abhang zum Pelzmühletal, wie auch im Chastelbachtal, treten am Kontakt Malmkalk/Oxford-Mergel zahlreiche Quellen aus (s. Kapitel über Basler Wasserversorgung, S. 57). Auf unserem Weg über die Falkenflue bis Pt. 599 können wir mehrere kleine Querbrüche, ferner die Spur der Schlossgraben-Störung beobachten. Der Ausblick nach W zur Eggflue und Ruine Pfeffingen lässt das halboffene Gewölbe der Blauen-Antiklinale erkennen, von dessen Malmkalk-Scheitel wahrscheinlich schon im Pliocaen Teile nach N abgerutscht sind, von denen heute die Sackung bzw. Bergsturzmasse des Gmeiniwalds übriggeblieben ist (Exk. 7).

Ein Abstecher nach *Ziegelschüren* bringt uns zu dem im W Tafeljura einzigartigen Vorkommen von Glimmersandstein und Mergeln der Elsässer Molasse; die letzteren sind früher zur Ziegelfabrikation ausgebeutet worden, aber heute weder beim Hof noch längs des Strassenbords sichtbar. Da die entsprechenden Schichten z.B. von Dornachbrugg mindestens 300 m tiefer liegen, so muss der SE Rheingraben nach dem Chattien um diesen

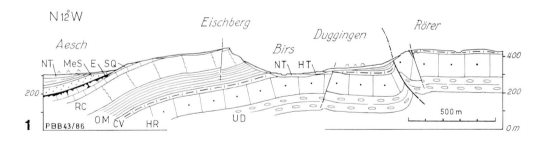

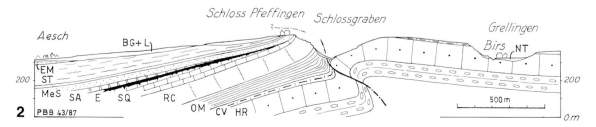

Abb. 111.
Geologische Querprofile durch den Blauen zwischen Aesch und Grellingen.

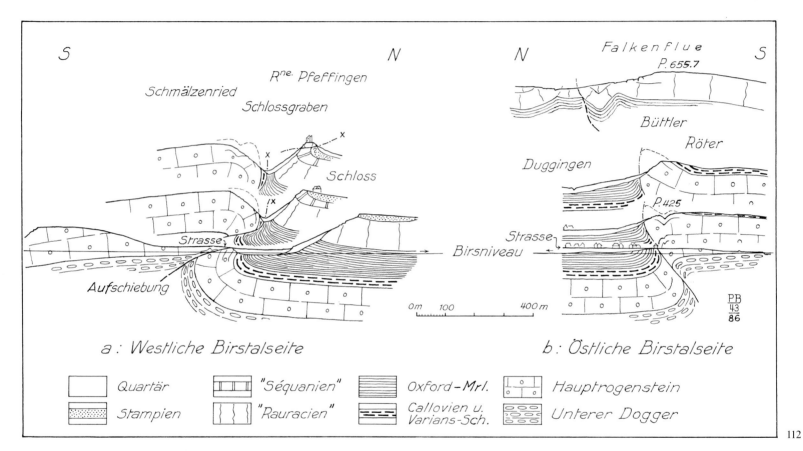

Abb. 112.
Geologische Profile durch den N-Rand der Blauen-Antiklinale bei Duggingen beidseits der Birs.

Betrag noch abgesunken sein. Zurück zum Schiessstand und weiter bis Pt. 602.

Unser Weg nordwärts führt längs der Verwerfung von *Hochwald*, eigentlich eine Bruchschar, an der der E-Flügel, mit Sequankalk gegenüber dem Rauracien-Korallenkalk im W, abgesunken ist und damit zum ‹Halbgraben› von Hochwald wurde. Von der komplexen Bruchzone erhalten wir einen Eindruck SW Pt. 602, ferner E Pt. 670.4 an der inneren Strassenkurve und im Gelände NW Hochwald (Eocaen, schlecht aufgeschlossen). A. GUTZWILLER hat 1903 etwa 1 km NNE von Hochwald ein Vorkommen von eocaenen Süsswasserkalken freigelegt und isolierte Exemplare von *Planorbis pseudoammonius,* zusammen mit solchen von Lausen und Aesch, 1906 beschrieben.

Am N und S Dorfende bestehen Versickerungsschächte, in denen das Regenwasser durch Felsspalten abgeleitet wird und wie erwähnt unterhalb Duggingen an der Birs wieder austritt.

Im *Steinbruch Ivo Schäfer* NE Pt. 692 sind fossilreiche Rauracien-Korallenkalke in ‹Riff-Fazies› aufgeschlossen (Tropfsteinhöhle in halber Höhe in der N-Ecke unzugänglich). Die beidseitig des Eingangs zum Steinbruch anstehenden massiven Kalke bestehen zum grossen Teil aus fladenartigen Korallen, die sich am untiefen Meeresboden auf dem Schlamm ausgebreitet hatten. Somit haben sich diese Ablagerungen ursprünglich hinter oder zwischen eigentlichen Riffen gebildet.

Von Pt. 658 entweder via Eichenberg oder längs der Landstrasse bis Kote 545 m, wo der Weg SE-wärts nach *Obertüfleten* abzweigt. Kurz vorher ein Brunnen in den Terrain à chailles und E darüber teilweise versackte Rauracien-Kalk-Massen (dahinter beachtliche Abrissgräben!). Die Tüfleten-Höfe liegen auf Oxford-Mergeln in einer Erosionsarena, umringt von Korallenkalk-Flühen. Von Pt. 523 steigen wir nun über die Kante auf die Malmkalk-Oberfläche, die bereits zur Rheintal-Flexur gerechnet werden muss, und über die wir via Oberäsch, Ruine Bärenfels und Länzberg zum Bahnhof absteigen.

Unterwegs beobachten wir (vgl. geol. Karte) zahlreiche Staffelbrüche, zwischen Reservoir und Oberäsch am Wegrand fossilreiche Liesberg-Schichten und beim Hof Oxford-Mergel; am *Länzberg* auf rund 400 m Höhe Lehm mit vereinzelten Quarzit- und Buntsandsteingeröllen der Wanderblock-Formation und auf Kote 350 kaum mehr feststellbare, aufgefüllte Hupper-Gruben, in denen früher eocaener Süsswasserkalk mit Planorben zu sehen waren. Etwa 200 m nördlich der alten Gruben sind lose Kalkgerölle zu finden, die dem Sannoisien zugerechnet werden.

Vom unteren Länzberg steigen wir über den Rand der Hochterrasse zum Bahnhof Aesch ab (S-Ende der weiten, Grundwasser-führenden Birs-Niederterrasse).

Abb. 113.
Chastelbach S Grellingen. Oxford-Mergel (Terrain à chailles) mit z.T. fossilreichen Lagen. Die härteren, vorwiegend flach liegenden Chaillen-Bänke verursachen kleine Wasserfälle. Wegen ihrer Wasserundurchlässigkeit bildet die Mergelformation einen wichtigen Grundwasserstauer. Die romantische Schlucht ist von der SBB-Station Grellingen aus gut erreichbar. (20.8.86).

Exkursion 14
Oberdornach–Dorneck–
Affolter–Oberdornach

Ziel	*Rheintal-Flexur E Dornach*
Start/Anfahrt	Oberdornach, Auto Ⓟ; SBB oder BLT-10 nach Dornach, evtl. Postauto nach Oberdornach
Exkursionsart	Fusswanderung 8 km, Aufstieg 320 m (mit Variante 400 m)
Ende/Rückfahrt	Oberdornach (Dornach)
Dauer	Halbtägig bis ganztägig
Route	Oberdornach–Schweidmech (Pt. 384)–Pt. 460–Schiessstand–Schloss Dorneck–Schlosshof–Grossacker–Dichelberg (Pt. 543)–Affolter–Woll (Pt. 451)–Landstrasse S Riederen (Variante: Steinbruch)–Dornach
Stratigraphie	Niederterrasse, Hochterrasse, Löss, Jüngerer Deckenschotter, ‹Meeressand›, Oxfordien, Callovien, Hauptrogenstein
Tektonik	Zerbrochene Rheintal-Flexur (Bucht von Dornach–Arlesheim), W–E Störungen (Gempen- und Stollen-Störung), Bruchschollen
Hydrogeologie	Quellgebiet Woll (W Ingelstein)
Ur- und Frühgeschichte	Prähistorische und römische Funde bei Dornach
Diverses	Transgression des ‹Meeressandes› auf Malm
Verpflegung	Dorneck, Rest. Schlosshof
Karten	Geol. Atlas 1:25 000, Bl. Arlesheim; LK 1:25 000, Bl. 1067
Literatur	HERZOG, P. (1956).

Beschreibung

Nach *Oberdornach* zweigen wir auf der Strasse nach Hochwald ab. Die erste scharfe Kurve steigt über einen Sporn an, der einen Rest eines alten Schuttfächers des Ur-Ramstelbaches darstellt, aus meist schlecht gerundeten Jurageröllen besteht und altersmässig wahrscheinlich dem Jüngeren Deckenschotter entsprechen dürfte.

Von Pt. 384 steigen wir durch ‹Meeressand› des *Dornachbergs* direkt bis Pt. 460 in der Strassenkehre an. Von hier aus nordwärts, einige Meter abwärts und etwas rechts (ostwärts) finden wir das Küstenkonglomerat des Rupélien mit schlecht erkennbarer Transgressionsfläche, den Malmkalk überlagernd. Durch aufgelassene ‹Meeressand›-Steinbrüche abwärts zum alten Steinbruch an der Strasse bei *Schweidmech* (Rauracien-Korallenkalk bis Liesberg-Schichten), dann 200 m westwärts bis zum Durchbruch durch die Malmkalke der abtauchenden Rheintal-Flexur.

Etwas zurück zweigt ein Fussweg NE-wärts auf die Krete ab, die zum Schloss *Dorneck* aufsteigt. In etwa 400 m Höhe (Koord. 614.000/258.500) ist auch hier die Transgression des ‹Meeressandes› aufgeschlossen, die auf etwa 100 m Länge östlich über die ‹Rauracien›-Kante hinausreicht. Die hart zementierten Malmkalk-Konglomerate des Rupélien sind von den knolligen Rauracienkalken nur schwer zu unterscheiden, wie dies auch von anderen Stellen bekannt ist.

Über Schloss Dorneck (Aussicht ins Birseck, auf Faltenjura, Rheingraben, Flexur und Schartenflue!) bis zum Restaurant Schlosshof wandern wir auf tektonisch beanspruchtem Malmkalk der Rheintal-Flexur, der aber bei Pt. 503 durch eine Verwerfung abgeschnitten wird (s. Abb. 57, Profil f). Der fehlende Malm ist wahrscheinlich schon im früheren Quartär oder Ende Pliocaen (?) als Sackungsmasse abgestürzt und bedeckt heute ein grosses Areal zwischen Oberdornach und Goetheanum.

Der zweite Teil der Exkursion ist dem Studium des durch zahlreiche Verwerfungen zerbrochenen Hauptrogensteins gewidmet, der stark westwärts einfallend der Rheintal-Flexur angehört. Vom Schlosshof aus folgen wir etwa 500 m der Fahrstrasse nach Baumgarten, zweigen dann aber von der Kurve bei der Kantonsgrenze in S Richtung auf den Waldweg ab, der über *Grossacker–Dichelberg–Affolter* bis zur Gempenstrasse Pt. 451 bei Woll führt. Trotz zahlreicher guter Aufschlüsse ist das Bruch-Mosaik, ein durch Quer- und Längsbrüche zerhackter Dogger, nicht eindeutig enträtselbar (vgl. geol. Karte). Kurz vor Erreichen der Strasse stossen wir direkt auf die Rauracien-Korallenkalke des *Ingelstein* (Callovien und Oxford-Mergel fehlen!), was auf die beträchtliche Gempen-Störung hinweist, deren Fortsetzung weiter nach W aber nicht mit Sicherheit erfassbar ist.

Von der Strassenkurve steigen wir nordwärts in das kleine Tobel des Ramstelbaches ab, der hier über Hauptrogenstein einen kleinen Wasserfall bildet. Wieder auf der Landstrasse S *Riederen* ist nochmals oberer Hauptrogenstein und Ferrugineus-Oolith sichtbar. Bei genügend Zeit lohnt sich noch ein Abstecher in die aufgelassenen Steinbrüche zum Pt. 492 und in den näheren Umkreis zum Studium der tektonischen Verhältnisse (komplizierte Bruchtektonik). Rückkehr im Talboden (zahlreiche Aufschüttungen!) nach Oberdornach bzw. Dornachbrugg.

Abb. 114.
S Ober-Dornach, Schweidmech, Baugrube. Alter Bachschutt bzw. Birs-Schotter, Jüngerer Deckenschotter (Mindel-Eiszeit)? Exk. 14. (25.6.79).

Abb. 115.
Dornachberg Pt. 460. ‹Meeressand›-Transgression auf Rauracien-Korallenkalk. Exk. 14. (14.5.85).

Exkursion 15
Arlesheim–Schönmatt–
Richenstein–Arlesheim

Ziel	*Rheintal-Flexur des Birseck; Dogger von Schönmatt (Tafeljura)*
Start/Anfahrt	Arlesheim, BLT-10; Auto ℗
Exkursionsart	Fusswanderung 6 km, Aufstieg 310 m
Ende/Rückfahrt	Wie Start
Dauer	Halbtägig
Route	Arlesheim–Pt. 339–Pt. 353 (Ermitage)–Gobenmatt–Pt. 435–Hornichopf–Pt. 563 (Schönmatt)–Ränggersmatt–Gstüd–Gspänig–Schloss Richenstein–Birseck–Pt. 339–Arlesheim
Stratigraphie	Rauracien-Korallenkalk, Callovien, Hauptrogenstein (Ferrugineus-Oolith), Unterer Dogger
Tektonik	Schollenmosaik der Rheintal-Flexur, Horst/Graben-Struktur des N Tafeljuras
Hydrogeologie	Quellgebiet Gobenmatt
Ur- und Frühgeschichte	Prähistorische Stationen Ermitage, Schlossfels usw.
Verpflegung	Rest. Schönmatt
Karten	Geol. Atlas 1:25 000, Bl. Arlesheim; LK 1:25 000, Bl. 1067
Literatur	HERZOG, P. (1956).

Beschreibung

Von Arlesheim ostwärts via Pt. 339 (Grabstätte) und Pt. 353 zur Gobenmatt. Das Schloss *Birseck* steht auf Rauracien-Korallenkalk der Rheintal-Flexur, auf der etwas weiter S auch Tertiär (‹Meeressand› und Elsässer Molasse – nicht aufgeschlossen) aufliegt. S und N des Schlosses mehrere prähistorische Fundstätten! Längs der Strasse sind S des Weihers bei Oeli steil W-fallender Ferrugineus-Oolith und Hauptrogenstein gut aufgeschlossen, die ebenfalls zur Rheintal-Flexur gerechnet werden.

In der E *Gobenmatt* befinden wir uns bereits im Bereich des Tafeljuras, dessen Horst/Graben-Struktur sich besonders deutlich im Gebiet der Schönmatt abzeichnet. Zahlreiche Quellen in der Gobenmatt sind dem Kontakt zwischen klüftigem Hauptrogenstein und undurchlässigem Unteren Dogger zuzuschreiben.

Von Pt. 435 steigen wir am Abhang des Hornichopfs bis Pt. 563 an der Kantonsgrenze W *Schönmatt* an. Hierbei sehen wir etwas vom Unteren Dogger (Humphriesi- und Blagdeni-Schichten), aber vorwiegend Hauptrogenstein, der durch mehrere Parellelbrüche gestört ist, was sich gut beobachten lässt. Bei Pt. 563 überqueren wir einen schmalen Horst, bleiben dann aber bis zur *Ränggersmatt* in einem Graben (Callovien). Längs des Weges über das Gstüd sind im Hauptrogenstein ab Pt. 609 mehrere Brüche gut erkennbar. Im Abstieg über Gspänig bemerken wir zunehmendes W-Fallen des zur Flexur gehörenden Hauptrogensteins (s. Abb. 57, Profil e).

Vor *Richenstein* sind vereinzelt Varians-Schichten (Rhynchonellen!) festzustellen, während die Oxford-Mergel infolge einer Störung stark reduziert und von Schutt bedeckt sind. Das Schloss steht auf klotzigem Rauracien-Korallenkalk der Rheintal-Flexur. Längs der Strasse abwärts ist links nochmals stark

Abb. 116.
Schloss Birseck, Wahrzeichen der geotektonischen Bucht von Arlesheim. Auf steileinfallendem Rauracien-Korallenkalk stehend, der zur Rheintal-Flexur gehört. (31.3.86).

W-fallender Hauptrogenstein anstehend, doch wurde bei der Einmündung in die Strasse von derRänggersmatt bereits Oxford-Mergel nachgewiesen, so dass auf eine Störung geschlossen werden muss.

Beim Schloss Birseck durchqueren wir den Rauracien-Korallenkalk der Flexur in die Bucht von *Arlesheim* und gelangen allmählich in den Bereich des Ostrandes des Rheingrabens. Das Dorfzentrum liegt auf der durch Löss- und Schwemmlehm bedeckten Elsässer Molasse; der eigentliche Ostrand des Birstales wird durch Stufen der Hoch- und Niederterrasse gebildet.

Exkursion 16
Aesch–Dornachberg–
Ramstel–Gempen–
Münchenstein

Ziel	*Rheintal-Flexur und W Tafeljura*
Start/Anfahrt	Aesch SBB oder Tram BLT-11
Exkursionsart	Fusswanderung 15/17 km (je nach Route), Aufstieg 500 m
Ende/Rückfahrt	Münchenstein SBB oder BLT-10 oder Hofmatt BLT-10
Dauer	Ganztägig
Route	Aesch–Lolibach–Pt. 430 (Stützli)–Pt. 517–Hilzenstein–Ramstel–Gempen–Schartenflue Pt. 759–Stollen–Haselstuden–Pt. 629–Flösch–Steinbruch Hint. Ebni–Langmatt–Steinbruch Münchenstein–Ruine Münchenstein–Bahnhof SBB, BLT oder Hofmatt BLT-10
Stratigraphie	Niederterrasse. Hochterrasse, ‹Meeressand› (Sannoisien, Eocaen), Oxfordien, Callovien, Hauptrogenstein, Unterer Dogger (Opalinus-Ton)
Tektonik	Rheintal-Flexur, Tafeljura (Horst/Graben-Struktur), Hochwald-Verwerfung, Gempen-Störung
Hydrogeologie	Grundwasserfassungen der Birs, Quellen von Gempen
Diverses	Sackungen und Rutschungen Ramstel–Woll
Verpflegung	Rest. Gempenturm, Rest. Schönmatt
Karten	Geol. Atlas 1:25 000, Bl. Arlesheim; LK 1:25 000, Bl. 1067
Literatur	HERZOG, P. (1956).

Beschreibung

Diese ausgedehnte Exkursion vermittelt zuerst einen guten Einblick in den Bau der S Rheintal-Flexur, dann in die Horst/Graben-Struktur des Tafeljuras und schliesslich in den komplexen Bau der Flexur bei Münchenstein.

Von *Aesch* aus über die Birs direkt nach NE zum Lolibach, sofern wir nicht zuerst den unteren *Länzberg* mit den Eocaen-, Sannoisien- und Pliocaen-Vorkommen besuchen wollen (s. Exk. 13).

Hierauf erklimmen wir den N-Abhang des Lolibaches zum Pt. 373.9, wo der Sequankalk der Rheintal-Flexur mit ‹Meeressand›, lokal überdeckt von ‹Wanderblöcken› (Pliocaen), vorkommt. Auf dem Fussweg steigen wir über Sequankalk via Pt. 430 den *Dornachberg* aufwärts (100 m weiter Verwerfung ins ‹Rauracien›). Dann von Pt. 517 bis auf 550 m Höhe, wo wir an der Strassenkurve nach einer weiteren Verwerfung vor dem Brunnen nach E abzweigen. In Oxford-Mergeln, versacktem Rauracien-Korallenkalk und durch Rutschgebiete gelangen wir auf die Gempenstrasse und weiter bis Pt. 583, *Ramstel* (Quellfassungen und Pumpwerk). In der Höhe am Fuss der Malmkalke der Ingelstein-Fluh die bekannte, heute kaum mehr besuchenswerte ‹Glitzersteinerhöhle›.

Ostwärts auf dem Fussweg ansteigend, überqueren wir auf 610 m Höhe die Verwerfung von Hochwald, was sich beidseits des Tals an den vorspringenden ‹Rauracien›-Felswänden feststellen lässt (besonders deutlich an der Gempenstrasse in ca. 630 m Höhe). Weitere Störungen zeigen an, dass es sich um eine Bruchzone handelt (s. Exk. 13), die, aus dem Gebiet des Hombergs N Himmelried herstammend, sich über Hochwald bis zur Querstörung von Gempen erstreckt. Auf der Landstrasse haben wir das Plateau von Gempen–Hochwald, d.h. den eigentlichen Tafeljura, erreicht.

In *Gempen* überqueren wir die hier oberflächlich nicht sichtbare Störung vom Sequankalk in die Oxford-Mergel und gelangen damit in die Querzone Schartenflue-Muni (s. Exk. 21). Aus einer Baugrube konnte 1977 aus dem Terrain à chailles der Ammonit *Cardioceras (Cardioceras) persecans* (S.S. BUCKMAN)

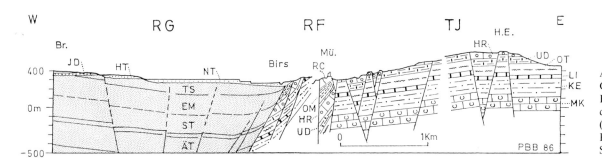

Abb. 117.
Geologisches Querprofil vom Rheingraben zum Tafeljura über die Flexur bei Münchenstein. (Tafeljura nach P. HERZOG 1956, Rheingraben ergänzt nach SEISMIK 1978).

Abb. 118.
Schartenflue 759 m (Gempenstollen). Rauracien-Korallenkalk (Oxfordien); ein durch W-E-Störungen bedingtes und durch die Verwitterung herausmodelliertes Bruchschollen-Element. Exk. 3, 16. (8.8.86).

Abb. 119.
Steinbruch SE Münchenstein. Nach W (rechts) einfallender, stark zerklüfteter Hauptrogenstein, zur Rheintal-Flexur gehörend. Exk. 16. (14.5.85).

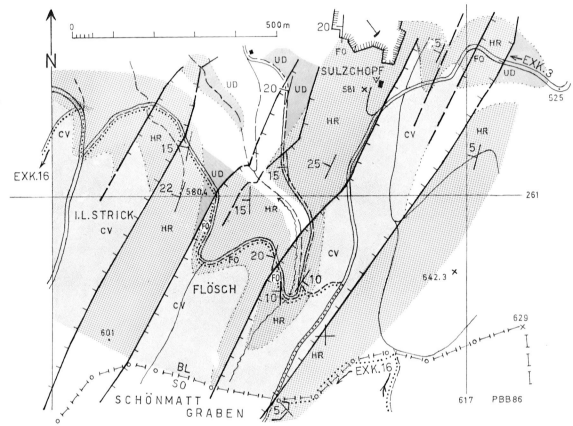

Abb. 120.
Geologisch-tektonische Skizze des Dogger-Plateaus Schönmatt-Sulzchopf (nach P. Herzog 1956), eigene Ergänzungen 1977–1978.

CV Callovien und Varians-Schichten
FO Ferrugineus-Oolith
HR Hauptrogenstein
UD Unt. Dogger

isoliert und bestimmt werden, was auf die Stufe Unteres Oxfordien, Cordatum Subzone, hinweist⁹.

Weiterwanderung zur *Schartenflue, Pt. 759,* mit lohnender Übersicht vom Aussichtsturm über das Birseck, SE-Ende des Rheingrabens, Landskronkette und Blauen, überschobener Faltenjura, Tafeljura, Schwarzwald und Vogesen.

Über das Rauracienkalk-Plateau gelangen wir via Pt. 705 bis auf die Strasse, die von Gempen nach Stollen führt. Am kurzen Steilstück auf der W Strassenseite, 350 m ENE Stollen, ist anhand des Felsabbruches die Verwerfung erkennbar, die NE-wärts den W-Rand des Schauenburg-Grabens bildet (s. Exk. 3 und 20).

Der weitere Verlauf der Exkursion ist dem Studium der Horst/Graben-Struktur des Dogger-Plateaus der *Schönmatt* gewidmet. Von Stollen NW-wärts via Haselstuden–Chilhölzli–Flösch–Im langen Strick–Hinter Ebni bis Eselhallen durchqueren wir mehrere Horste und Gräben (u.a. den Schönmatt-Graben), was sich aus der Verteilung von Callovien, Ferrugineus-Oolith, Hauptrogenstein und Unterem Dogger ermitteln lässt, besonders gut längs der Waldstrasse von Flösch bis N *Hint. Ebni.*

S Langmatt stossen wir auf eine tektonisch komplizierte, schwer deutbare Horstzone von Unterem Dogger, der von Opalinus-Ton unterlagert ist, wobei Rutschungen und Felsabstürze bis nach Ober Gruet entstanden sind (vgl. geol. Karte).

Abstieg über Unteren Dogger ins Steinbruchareal von *Münchenstein,* in dem vorwiegend W-fallender, stark zerklüfteter Hauptrogenstein der Rheintal-Flexur – durch Verwerfungen zerbrochen – aufgeschlossen ist. Wir besuchen noch die Ruine Münchenstein, die auf zerklüftetem Rauracien-Korallenkalk steht, dem nördlichsten, oberflächlich anstehenden Malmkalk-Vorkommen der Flexur.

Abstieg über den ausgeprägten Rand der Niederterrasse nach der Station Münchenstein SBB oder BLT-10.

Bei genügend Zeit Abstecher zu den Dogger-Aufschlüssen unter dem N Brückenkopf bei der Hofmatt (Station BLT). Hierzu vgl. Exkursion 17.

---
⁹ Bestimmung Dr. R.A. Gygi, Naturhistorisches Museum Basel.

Exkursion 17
Hofmatt–Münchenstein–
Gruet–Neuewelt–Schänzli

Ziel	*Rheintal-Flexur zwischen Münchenstein und Basel*
Start/Anfahrt	Station Münchenstein SBB oder BLT-10 (oder Hofmatt)
Exkursionsart	Fusswanderung 8 km, Aufstieg 120 m
Ende/Rückfahrt	St. Jakob, Station Schänzli BLT-14
Dauer	Halbtägig bis ganztägig
Route	Hofmatt (Bruckguet)–Münchenstein Hauptstrasse/Gruthweg–Ruine Münchenstein–Pt. 390 (Unt. Gruet)–Pt. 378.8–Asphof–Pt. 318–Asprain–Neuewelt–Pt. 264–linkes Birsufer–(Denkmal Schänzli)
Stratigraphie	Niederterrasse, Jüngerer und Älterer Deckenschotter, Rauracien-Korallenkalk, Hauptrogenstein, Unterer Dogger, Keuper, Muschelkalk
Tektonik	Komplexer Bau der Rheintal-Flexur, W-Ende der Adlerhof-Struktur
Hydrogeologie	Grundwasserfassungen Birstal, diverse Quellen
Ur- und Frühgeschichte	Prähistorische Stationen Rütihard
Diverses	Auflagerung des Jüngeren Deckenschotters auf Trias/Lias, An- und Auflagerung Birsschotter auf Hauptrogenstein, Keuper von Neuewelt
Verpflegung	Rest. Hofmatt
Karten	Geol. Atlas 1:25 000, Bl. Arlesheim; LK 1:25 000, Bl. 1067
Literatur	HERZOG, P. (1956). SCHMASSMANN, H. (1953): Das Keuper-Profil von Neuewelt. – Tätber. natf. Ges. Basell. *19,* 1950/52.

Beschreibung

Die Exkursion beginnt an der *Hofmatt* unterhalb des N Brückenkopfes am linken Birsufer. Hier ist, direkt an der Stützmauer flussabwärts, Hauptrogenstein anstehend, der mit 65° nach WSW einfällt und zur Rheintal-Flexur gehört. Er liegt in der direkten Verlängerung des Hauptrogensteins, der den Steilhang E der nach Münchenstein hinaufführenden Strasse bildet. Durch Bohrungen ist bekannt geworden, dass die Fortsetzung der nach NNW streichenden Schichten der Flexur durch einen nicht näher erfassten Querbruch abgeschnitten ist; erst in der Birs bei Neuewelt ist die hier allerdings NNE streichende Flexur wieder aufgeschlossen. Von der Hofmatt-Brücke einige Meter flussabwärts ist, durch Verwerfung getrennt, Unterer Dogger (Humphriesi-Schichten) aufgeschlossen und bei Bauarbeiten auch Keuper beobachtet worden.

Wir überqueren die Brücke zum Bruckguet Pt. 273, hinter dem – durch eine Verwerfung getrennt – Lias und Keuper vorkommen (s. geol. Karte). Wir folgen der Landstrasse aufwärts bis zur Kirche von *Münchenstein*. S davon sind an der Gabelung Hauptstrasse/Gruthweg steileinfallende Schichtköpfe von Rauracien-Korallenkalk der Rheintal-Flexur am Fusse der Hausmauer aufgeschlossen.

Sofern nicht bereits auf Exkursion 16 besucht, besichtigen wir noch kurz die Ruine Münchenstein, die auf einem grösseren, tektonisch beanspruchten Malmkalk-Klotz steht. SE-wärts gegenüber sind Humphriesi-Schichten beobachtet worden, woraus sich (Fehlen von Oxford-Mergeln, Callovien und Hauptrogenstein!) auf tektonisch komplizierte Verhältnisse schliessen lässt. Ein Abstecher bringt uns noch in die teilweise bereits mit

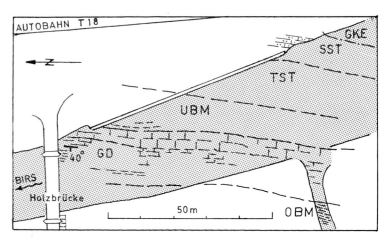

Abb. 121.
Geologische Skizze der Keuper-Aufschlüsse in der Birs bei Neuewelt. Nach H. Schmassmann 1953.

GKE Gipskeuper
SST Schilfsandstein
TST Schilfsandstein-Tone (mit Pflanzen)
UBM Untere Bunte Mergel
GD Gansinger Dolomit (Hauptsteinmergel)
OBM Obere Bunte Mergel

Deponiematerial aufgefüllten Steinbrüche oberhalb der Ruine, wo stark zerklüfteter Hauptrogenstein vorkommt.

Weiter in Richtung Unteres Gruet bis Pt. 390 und von hier nach NW bis Pt. 378.8. Beidseits des Weges nach *Asp* kommen Gerölle vor, die der Höhenlage entsprechend dem Älteren Deckenschotter zugerechnet werden (Basis bei ca. 360 m ü.M.). Als Unterlage sind in Baugruben am Zelgweg der Opalinus-Ton und bei Pt. 339.0 Lias nachgewiesen worden, was uns in den Einflussbereich der Adlerhof-Struktur bringt. Am Weg abwärts zum Asphof treffen wir auf Jüngeren Deckenschotter, der auf bunten Keuper-Mergeln ruht.

Vom Asphof via Pt. 318 etwa 300 m abwärts gegen Asprain, dann im Hohlweg NE-wärts über rauchgrauem Hauptmuschelkalk bis auf 350 m Höhe zum Plateau der *Rütihard* (Löss- bzw. Lösslehm bedeckter Jüngerer Deckenschotter). Rückkehr in das bis in die Grenzzone Keuper/Trigonodus-Dolomit erodierte Tobel und hinab auf die alte Landstrasse Richtung Hof Rütihard. Rechts noch im Wald am Steilbord aufgelassener Steinbruch im zu gelbem Grus verwitterndem Trigonodus-Dolomit. Etwa 100 m N des Waldrandes folgen wir dem neuen Weg unter der Autobahn hindurch an die Birs, der wir flussabwärts bis zum Wuhr und zur Holzbrücke folgen.

Das zur Ableitung des Dalbendychs erbaute Stauwehr *Neuewelt* ist wegen der durch Gansinger Dolomit und Schilfsandstein verursachten Stromschnelle errichtet worden. Vom E Brückenkopf der Holzbrücke steigen wir ans rechte Ufer ab, an dem die mit 40° W-fallenden Hauptsteinmergel (Gansinger Dolomit) anstehen, während die flussabwärts anschliessenden, früher aufgeschlossenen Unteren Bunten Mergel (gelegentlich mit Pyritkonkretionen), der Schilfssandstein mit Kohleschmitzen und Gipskeuper heute kaum mehr zu sehen sind. Diese Schichtpakete liegen am W-Ende der Adlerhof-Struktur, weisen aber Streichen und Fallen der Rheintal-Flexur auf!

Zurück und über die Holzbrücke. Vom W Brückenkopf steigen wir zu den Oberen Bunten Keuper-Mergeln am linken Flussufer hinunter, die etwa 80 m aufwärts im Überlauf gut aufgeschlossen sind.

Bei Zeitmangel kann die Exkursion hier abgebrochen werden; Rückweg nach W zur BLT-10-Station Tunnelweg etwa 15 Minuten.

Abstecher: Auf der linken Birsseite bis St. Jakob und über die Brücke zum *Schänzli* erreichen wir das in einer Kaverne liegende Geologische Denkmal, dessen Schachteingang auf der NE-Seite der früheren Haltestelle ‹Hagnau›, BLT-14, zwischen Schänzli und Freidorf, liegt (Bronzetafel an der Mauer des Tramtrassees, s. Fussnote S. 82). Hauptrogenstein der Rheintal-Flexur (vgl. Exk. 2 und Beschreibung S. 64). Da diese Exkursion ein stratigraphisch und tektonisch reiches Programm beinhaltet, sollte bei längerer Verweilzeit an den Aufschlüssen mit einem ganzen Tag gerechnet werden.

Abb. 122.
Hofmatt bei Münchenstein, linkes Birsufer. Steilstehender, NW-fallender Hauptrogenstein der Rheintal-Flexur. Exk. 1, Stop 15; Exk. 17. (14.5.85).

Abb. 123.
Rechtes Birsufer oberhalb der Holzbrücke bei Neuewelt. Nach links einfallender Gansinger Dolomit (Hauptsteinmergel), Mittlerer Keuper, der Rheintal-Flexur angehörend. Exk. 17. (7.3.77).

Abb. 124.
Münchenstein, Fundament Eckhaus Hauptstrasse/Gruthweg. Steil-einfallender Rauracien-Korallenkalk der Rheintal-Flexur; isolierter Kalkkomplex auf dem Alt-Münchenstein erbaut ist. Exk. 1, Stop 14; Exk. 17. (4.5.86).

124

Tafeljura

Exkursion 18
Muttenz–Wartenberg–
Zinggibrunn–Muttenz

Ziel	*Geologie des Wartenberg-Grabens*
Start/Anfahrt	Muttenz Dorf, BLT–14; Auto ℗
Exkursionsart	Fusswanderung 6 km, Aufstieg 200 m
Ende/Rückfahrt	E Muttenz, Haltestelle BLT–14 Lachmatt/Rothausstrasse
Dauer	Halbtägig
Route	Muttenz Kirche–St. Arbogast-K. Jauslin–Burghaldenstrasse–S-Abhang Wartenberg–Reservoir–Pt. 479 Wartenberg–Pt. 431.6–Hint. Wartenberg Pt. 403–Zinggibrunn (Pt. 446.0)–Laahallen–Rest. Römerbad–Breitestrasse–BLT–14 (Kiesgrube Meyer-Spinnler)
Stratigraphie	Niederterrasse, Malmkalk (Relikt), Callovien, Hauptrogenstein (Nerineenbank), Lias, Rhät, Keuper
Tektonik	Wartenberg-Graben, Malm-Relikt (Sackung ?), N Tafeljura (Adlerhof-Struktur)
Hydrogeologie	Quellfassungen
Ur- und Frühgeschichte	Wartenberg Ruinen, prähistorische Station
Diverses	Rutschungen, Sole-Produktionsfeld Zinggibrunn
Verpflegung	Rest. Römerbad
Karten	Geol. Atlas 1:25 000, Bl. Arlesheim; LK 1:25 000, Bl. 1067
Literatur	HERZOG, P. (1956). SCHMASSMANN, H. (1953): Die Rutschung am Südwestabhang des Wartenbergs. – Tätber. natf. Ges. Basell. *19*, 1950/52.

Beschreibung

Der untere Westabhang des *Wartenbergs* besteht aus schwach E-fallendem Keuper, Lias und Opalinus-Ton (kaum aufgeschlossen), wobei 1937–1941 und früher beträchtliche Rutschungen vorgekommen sind. Der Wartenberg-Kamm ist aus Dogger aufgebaut und entspricht einem typischen Graben des Tafeljuras, der aber als Härtling relativ weniger verwittert ist als die beiden angrenzenden Lias-Keuper-Horste (Reliefumkehr!).

Unser Aufstieg bringt uns zuerst auf die S-Seite, und zwar nach dem Überqueren der W Graben-Verwerfung in den Unteren Dogger (u.a. Sowerbyi- und Humphriesi-Schichten); auch hier hat im April 1952 eine grosse Rutschung stattgefunden. Am äusseren S-Ende ist eine zweite Verwerfung vorhanden, an der Unterer Dogger gegen Hauptrogenstein und weiter nordöstlich

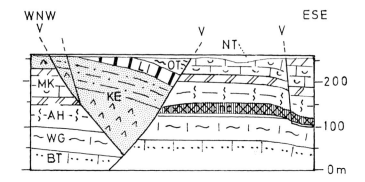

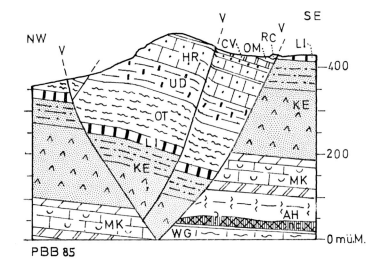

Abb. 125.
Geologische Querprofile durch den Wartenberg-Graben. Oben: Rheinebene bei Schweizerhalle, unten: Wartenberg (hintere Ruine). Nach H. SCHMASSMANN 1953 und 1961, ergänzt.

NT	Niederterrasse	MK	Muschelkalk
RC	Raurancien-Korallenkalk		(+Trigonodus-Dolomit)
OM	Oxford-Mergel	AH	Anhydritgruppe
CV	Callovien		(+Dolomit-Zone)
HR	Hauptrogenstein	WG	Wellengebirge
UD	Unterer Dogger	BT	Buntsandstein
OT	Opalinus-Ton	nc	Salzlager
LI	Lias	V	Verwerfung
KE	Keuper { Keupermergel / Gipskeuper		

Exkursion 18

Abb. 126.
Muttenz, Kiesgrube K. Meyer-Spinnler AG. Rheinschotter der Niederterrasse; in der Bildmitte dachziegelartig nach rechts eingeregelte Geröllage. (Fliessrichtung von links nach rechts).
Exk. 3, Stop 1; Exk. 18. (19.5.86).

Abb. 127.
Muttenz, Kiesgrube K. Meyer-Spinnler AG. Auswahl häufig vorkommender Gerölle der Rheinschotter: 1–3 Granite etc. (3 Albtal-Granit), 4 Porphyr, 5 Radiolarite, 6 Gneise, 7 Taveyannaz-Sandstein, 8 Verrucano-Konglomerat, 9 Molasse-Nagelfluh, 10 Quarzite, 11 ‹Alpen›-Kalke, 12 Malm-Oolith, 13 Muschelkalk, 14 Sandstein, 15 Hornstein (verkieselter Kalk); seltenere Komponenten sind Juragesteine wie Hauptrogenstein, Liaskalk, usw.
Exk. 3, Stop 1; Exk. 18. (19.5.86).

Hauptrogenstein gegen Callovien anstossen (Hauptrogenstein in Steinbruch aufgeschlossen). Wir umwandern den S-Sporn des Wartenbergs und steigen zum Reservoir an und dann längs des Kammes über Pt. 479 bis zur *vorderen Ruine* immer im SE-wärts einfallenden Hauptrogenstein. Am S-Fuss der Ruine ist als Abschluss des Unteren Hauptrogensteins die Nerineen-Bank anstehend, deren Oberfläche einen ‹Hardground› mit Austern-‹Pflaster›, Bohrmuscheln und Limonitkrusten zeigt.

Im Abstieg zum *Hof Hint. Wartenberg* (Pt. 403) überschreiten wir nochmals die zweite Verwerfung. Gegen SE wird aber der Wartenberg-‹Doppelgraben› (Hauptrogenstein und Callovien) durch die dritte Verwerfung begrenzt, die an das aus Keuper und Lias bestehende Plateau von Zinggibrunn anstösst.

Etwa 150 m S des Hofes Hint. Wartenberg liegt im ‹Callovien-Graben› ein Restvorkommen von Oxford-Mergeln und Rauracien-Kalkbrocken, die vermutlich als altes Sackungs- und Erosionsrelikt zu betrachten sind, ähnlich dem ‹Rauracien›-Block, auf dem die Ruine Schauenburg steht (s. Exk. 20) oder dem Dogger-Relikt der St. Chrischona (s. geol. Atlasblatt Basel).

Auf dem Plateau von *Zinggibrunn* liegen schwach ostwärts einfallende, z.T. fossilreiche (Gryphaeen, Belemniten) Lias-Schichten vor. Hier befindet sich das neuere Sole-Produktionsfeld (das zweite ausser Schweizerhalle auf Blatt Arlesheim, s. S. 54) der Vereinigten Schweizerischen Rheinsalinen, wobei seit 1970 Sole aus dem etwa 30 m mächtigen Salzlager der Anhydritgruppe des Mittleren Muschelkalkes aus etwa 300 m Tiefe gewonnen wird. Im Hinblick auf den Landschaftsschutz wird der Bohrturm nach dem Abteufen abgebrochen, und die Produktionsinstallationen werden unterirdisch verlegt.

Auf dem Abstieg zur *Laahallen* sind nahe am Waldrand der harte, fossilreiche Arietenkalk (Lias) und darunter die mürben Quarzsandsteine des Rhät zu sehen, unterlagert durch die oft bunten, mächtigen Keuper-Mergel, die notorisch die Ursache von Rutschungen sind (z.B. unterhalb Rest. Römerburg). Am N-Fuss des Wartenbergs überqueren wir die unter der schotterbedeckten Rheinebene vorhandenen Verwerfungen, deren Verlauf durch zahlreiche Bohrungen (Grundwasser-, Salz- und Baugrunduntersuchungen) ziemlich gut bekannt geworden ist (vgl. geol. Karte und oberes Profil Abb. 125).

Als zusätzlicher Abstecher (vgl. Exk. 3) kann ein Besuch der zurzeit noch in Betrieb stehenden *Kiesgrube Meyer-Spinnler K. AG,* Rothausstr. 12, angeschlossen werden (Zugang von W vor der Strassenunterführung nach Schweizerhalle; telephonische Anmeldung erforderlich), in der die frischen Rheinschotter der Niederterrasse in ihrer ganzen Mannigfaltigkeit studiert werden können (helle Alpengranite, rötliche Schwarzwaldgranite, dunkelgraugrüne Diorite, rote Porphyre, Gneise, helle weissliche bis gelbbraune Jurakalke und Oolithe [Malm und Dogger], rauchgraue Muschelkalke, Hornsteine, Sandsteine, Konglomerate, Quarzite, Radiolarite usw.).

Exkursion 19
Pratteln–Egglisgraben–
Adlerhof–Pratteln

Ziel	*Adlerhof-Struktur, N Tafeljura*
Start/Anfahrt	Pratteln, BLT-14; Auto ℗
Exkursionsart	Fusswanderung 9 (11) km, Aufstieg 280 m (380 m)
Ende/Rückfahrt	Wie Start
Dauer	Halbtägig
Route	Pratteln-S-Ausgang–Zunftacher–Pt. 370–Pt. 418.2–Ebnet–Egglisgraben–Pt. 453–Pt. 524–Neu Schauenburg–Aspenrain Pt. 467–Adlerhof–Pratteln (Madlechöpfli Pt. 535–Adler Pt. 458–Pt. 395–Steinbruch–Pt. 346–Pt. 301)
Stratigraphie	Hochterrasse, Jüngerer Deckenschotter, (Callovien), Hauptrogenstein, Untere Dogger (Opalinus-Ton), Lias (Rhät), Keuper
Tektonik	E Kernzone der Adlerhof-Struktur, gekippte Tafeljura-Schollen Zunftacher und Adler, Querstörungen Adlerhof-Struktur, N-Rand Schauenburg-Graben
Hydrogeologie	Quellen
Diverses	Salzbohrung Tal
Verpflegung	Rest. Egglisgraben
Karten	Geol. Atlas 1:25 000, Bl. Arlesheim; LK 1:25 000, Bl. 1067
Literatur	HERZOG, P. (1956).
	FISCHER, H., et al. (1965): Das Rhät und der untere Lias in der Baugrube des Schulhauses Erlimatt in Pratteln. – Täber. natf. Ges. Basell. *24,* 1964.
	NIGGLI, P., et al. (1940): Die Mineralien der Schweizeralpen, Bd. 1, S. 286. – B. Wepf & Co., Basel.

Beschreibung

Zum Studium der Adlerhof-Struktur und der N anstossenden Bruchschollen des Zunftacher und Adler steigen wir vom S-Rand von *Pratteln* SW aufwärts via Pt. 354.1 zum Pt. 418.2 und Ebnethof. Am S Ortausgang ist bei Bauarbeiten E-fallender Opalinus-Ton freigelegt worden, was gegen den Lias im W eine Verwerfung erfordert. Im Anstieg zum *Zunftacher* kommen gelegentlich am Wegrand auf 330–340 m Höhe Gerölle vor, die zum Jüngeren Deckenschotter gerechnet werden. Im weiteren Verlauf der Exkursion folgen wir dem Waldrand, der ungefähr mit der Grenzzone Keuper/Lias zusammenfällt, die durchgehend ein E-Einfallen zeigt, also zu einer gekippten Bruchscholle des Tafeljuras gehört. Der ganze Ostabhang (Bergreben) bis gegen den Talbach gehört der fossilreichen Lias-Formation an (Gryphaeen, Belemniten), aus der durch A. MÜLLER schon 1884 Mineralvorkommen von Zinkblende gemeldet wurden.

Im Gegensatz zur ostwärts geneigten Liaszone von Bergreben steht W des Hofes *Ebnet* steil N-fallender, ebenfalls fossilreicher Lias an; dieser gehört somit bereits zur N-Flanke der Adlerhof-Struktur. Die Fortsetzung dieser Flanke finden wir später weiter SE beim Adlerhof.

Von Ebnet entweder direkt nach Neu-Schauenburg oder mit einem Abstecher nach *Egglisgraben,* wo sich S hinter dem Restaurant am Waldrand ein vergleichbarer Lias-Gryphitenkalk-Aufschluss vorfindet.

Auf dem Weg südwärts nach Neu-Schauenburg durchqueren wir W Moderholden zuerst die dachförmig zusammengepressten bunten Keuper-Mergel der Adlerhof-Kernzone, hierauf SW von Pt. 524 Lias und Opalinus-Ton (in Handbohrungen ermittelt) der S-Flanke.

Abb. 128.
Weitverbreitet im Jura der Basler Region: Gryphaea arcuata und G. obliqua, häufig aber nicht Leitfossil, im Gryphitenkalk, Unterer Lias. (1986).

Oberhalb von *Neu-Schauenburg* finden wir längs des Fahrsträsschens den stark gestörten Hauptrogenstein des W-Randes des Schauenburg-Grabens vor. Abstieg zum Hof und dann ostwärts dem Asprain-Abhang entlang, an dessen Fuss und im Tal mehrere Quellen auftreten; hier verbleiben wir im Unteren Dogger des N-Endes des Schauenburg-Grabens.

Im Abstieg zum *Adlerhof* erhalten wir nochmals, anhand von bunten Mergeln, Einblick in die Keuper-Kernzone der Adlerhof-Struktur, ohne aber eine eigentliche Gewölbe-Umbiegung vorzufinden. Ferner stellen wir fest, dass auf der SW-Flanke der etwa 100 m mächtige Opalinus-Ton fehlt, was durch die Annahme einer Abschiebung erklärt werden kann. Noch weiter unten im Wald erkennen wir die fossilreichen Gryphitenkalke der Lias-NE-Flanke. Das hier aufgeschlossene Teilstück der Kernzone streicht NW–SE.

Je nach der zur Verfügung stehenden Zeit beenden wir die Exkursion im Direktabstieg Richtung Pratteln, wobei wir in einem kleinen, aufgelassenen Steinbruch rechts an der Strasse am W-Abhang des *Adler,* W der Ruine Madeln auf Kote 420, noch Humphriesi-Schichten und weiter unten in gelegentlichen Aufschlüssen den Opalinus-Ton vorfinden.

Als Variante steigen wir über das *Madlechöpfli* (einst mit Burg der Eptinger) über Varians-Schichten zum Hauptrogenstein-Steinbruch NE Pt. 458. Hier am N-Sporn des Adler ist das bekannteste und relativ reichste Vorkommen von grüngrauer bis schwarzbrauner Zinkblende (ZnS) des Basler Tafeljuras. Diese tritt in den korallenführenden, oolithischen Kalken des Unteren Hauptrogensteins auf und bildet erbsen- bis nussgrosse Kristalle von rhombendodekaedrischem Habitus in kleinen Gesteinshohlräumen, die mit feinen Kalkspatkristallen ausgekleidet sind, gelegentlich mit den Begleitmineralien Dolomit und seltener Fluorit.

Im weiteren Abstieg durchqueren wir von Pt. 346 bis Pt. 301 den auf Unterem Dogger und Lias liegenden Jüngeren Deckenschotter, der im Gelände anhand einzelner Gerölle zu erkennen ist. Von Pt. 301 bis zur Station überschreiten wir die stellenweise mit Gehänge- bzw. Schwemmlehm bedeckte Niederterrasse.

Exkursion 20
Schauenburg Bad–Christen–
Schauenburgflue–Ättenberg–
Schauenburg Bad

Ziel	*Geologie des Schauenburg-Grabens*
Start/Anfahrt	Bad Schauenburg, Auto ℗; zu Fuss ab Pratteln BLT-14 oder ab SBB Frenkendorf-Füllinsdorf
Exkursionsart	Fusswanderung 8 (14) km, Aufstieg 220 m (330 m)
Ende/Rückfahrt	Wie Start
Dauer	Halbtägig (ganztägig)
Route	Schauenburg Bad–Pt. 480.1*–Christen Pt. 541–S Galgenstein-Gmeinacher Pt. 659–Chleiflüeli–Pt. 663–Schauenburgflue Pt. 657.9–Ruine Schauenburg–Steinbruch–Ättenberg–Rosenberg–Schauenburg Bad
Stratigraphie	Rauracien-Korallenkalk, Oxford-Mergel, Callovien, Varians-Schichten, Hauptrogenstein (Ferrugineus-Oolith), Unterer Dogger (Humphriesi-Schichten), (Opalinus-Ton)
Tektonik	Schauenburg-Graben im N Tafeljura, Staffelbrüche, Malmkalk-Sackungen und Bergstürze
Hydrogeologie	Quellen und Fassungen (Quellhorizonte Malmkalk/Oxford-Mergel und Hauptrogenstein/Unterer Dogger)
Ur- und Frühgeschichte	Römische Warte (Kultstätte?) Schauenburgflue
Diverses	Dolinen
Verpflegung	Rest. Hotel Bad Schauenburg
Karten	Geol. Atlas 1:25 000, Bl. Arlesheim; LK 1:25 000, Bl. 1067

Beschreibung

Von *Schauenburg Bad* aufwärts zu Pt. 339.4[10]. Orientierung anhand geol. Karte. Der Weg abwärts gegen Pt. 408.1[10] verläuft im Oxford-Mergel; nach 400 m, etwa bei Kote 500 m, überschreiten wir die Verwerfung, die den E-Rand des Schauenburg-Grabens bildet, wobei hier die Oxford-Mergel an den Unteren Dogger anstossen. Dieser Kontakt ist nicht sichtbar, doch sind S von Pt. 480.1 am Weg, der aufwärts und dann um den *Christen* herumführt, die eisenoolithischen, fossilführenden Humphriesi- und die unteren Blagdeni-Schichten gut aufgeschlossen (s. stratigr. Profil).

Vom östlichsten Punkt des Weges steigen wir durch den Wald aufwärts nach W bis zur Kuppe Pt. 541, dabei überqueren wir wieder die Randverwerfung, und zwar vom Hauptrogenstein im E in den Malm im W, wobei auf der Krete einige Malmkalk-Relikte dem Oxford-Mergel aufruhen. Obwohl die SW–NE streichende Verwerfung hier etwa 150 m Sprunghöhe aufweist, lässt sich dies am Christen an der Morphologie nicht erkennen.

Zum Studium des nun auch morphologisch ausgeprägten W-Randes des Grabens folgen wir auf dem Rücken des Christen dem Fusspfad nach W, bis wir auf die in einer Malmkalk-Sackung liegenden Strasse von Schauenburg Bad nach Schönmatt gelangen. Nach etwa 200 m zweigen wir rechts auf den Weg ab, der um den Galgenstein herumführt. An der Umbiegung nach NNE treten längs einer Strecke von etwa 150 m drei Verwerfungen auf, die als Staffelbrüche den W-Rand des Schauenburg-Grabens bilden (s. Querprofil). Nach Rauracienkalk folgen mit 15° N-fallende Mergelkalke (argovische Fazies = Übergangskalke), dann Oxford-Mergel und schliesslich Hauptrogenstein.

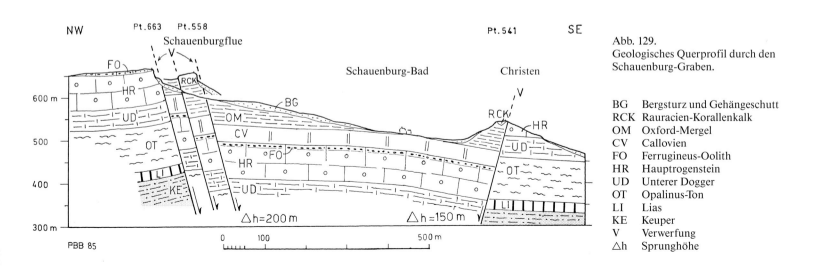

Abb. 129.
Geologisches Querprofil durch den Schauenburg-Graben.

BG Bergsturz und Gehängeschutt
RCK Rauracien-Korallenkalk
OM Oxford-Mergel
CV Callovien
FO Ferrugineus-Oolith
HR Hauptrogenstein
UD Unterer Dogger
OT Opalinus-Ton
LI Lias
KE Keuper
V   Verwerfung
△h Sprunghöhe

Exkursion 20   189

In der schmalen Oxford-Mergel-Zone Anstieg auf Fusspfad über Gmeinacher (Pt. 659) bis Ruine *Chleiflüeli,* die auf Rauracien-Korallenkalk steht. Der Hauptverwerfung entlang in NNE-Richtung auf der Hauptrogenstein/Ferrugineus-Oolith-Kante folgend, gelangen wir – nach etwa 400 m die schmale Oxford-Mergel-Zone erneut überquerend – schliesslich auf den ‹Rauracien›-Rücken der *Schauenburgflue* Pt. 657.9 (römischer Wachtturm oder Kultstätte).

Blick über den teilweise mit Bergsturzschutt bedeckten Schauenburg-Graben, der sich vom Plateau der Schartenflue im SW bis zur Adlerhof-Struktur und möglicherweise bis nach Pratteln im NE erstreckt (s. geol. Karte).

Abstieg zur *Ruine Schauenburg,* die auf einem isolierten Rauracien-Kalkblock (Erosions-Relikt oder Sackung) ruht, umgeben von Äckern, die fossilreiches Callovien anzeigen. Dem Waldrand an der oberen Kante des Aspenrain ostwärts folgend und absteigend auf die Landstrasse, besichtigen wir noch im aufgelassenen Steinbruch (mit Waldhütte) steileinfallenden Oberen Hauptrogenstein (Koord. 618.800/261.150).

Zurück zur Wegspinne. Auf der Wanderung rund um den *Ättenberg* und dann abwärts bis Rosenberg haben wir Gelegenheit, den Hauptrogenstein und Unteren Dogger, durch parallele Verwerfungen zerhackt, zu beobachten; ferner grössere Dolinen, die auf unterirdische Auslaugung und Entwässerung hinweisen. Von Rosenberg Rückkehr nach Schauenburg Bad (und Frenkendorf oder Pratteln).

Abb. 130.
Ctenostreon (Muschel) – Humphriesi-Schichten, Unterer Dogger (Bathonien). Breite: 18 cm.

---

[10] Siehe geol. Karte; auf der neuen Landeskarte (Ausgabe 1982) sind die zwei Vermessungspunkte nicht mehr angegeben.

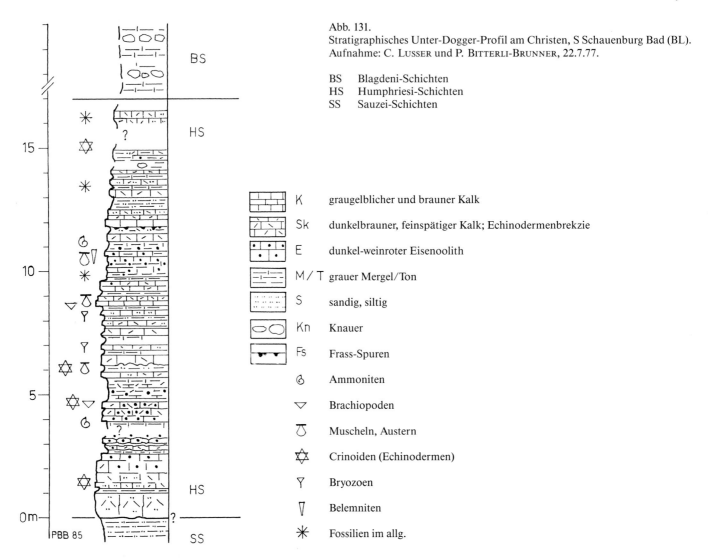

Abb. 131.
Stratigraphisches Unter-Dogger-Profil am Christen, S Schauenburg Bad (BL).
Aufnahme: C. Lusser und P. Bitterli-Brunner, 22.7.77.

BS Blagdeni-Schichten
HS Humphriesi-Schichten
SS Sauzei-Schichten

K   graugelblicher und brauner Kalk
Sk dunkelbrauner, feinspätiger Kalk; Echinodermenbrekzie
E   dunkel-weinroter Eisenoolith
M/T grauer Mergel/Ton
S   sandig, siltig
Kn Knauer
Fs Frass-Spuren
    Ammoniten
    Brachiopoden
    Muscheln, Austern
    Crinoiden (Echinodermen)
    Bryozoen
    Belemniten
    Fossilien im allg.

Exkursion 21
Orismühle–Nuglar–
Abtsholz–Talacher–Nuglar

Ziel	*Tafeljura, Umgebung von Nuglar, Gempen Verwerfung*
Start/Anfahrt	Orismühle (Nuglar) via Liestal SBB/PTT-Autobus; Auto Ⓟ
Exkursionsart	Fusswanderung 9 km (mit Disliberg 10,5 km), Aufstieg 340 m
Ende/Rückfahrt	Nuglar–(Orismühle)–Liestal (PTT-Autobus, SBB)
Dauer	Halbtägig
Route	Orismühle–Steinbruch Lusenberg–Nuglar–Pt. 538.6–Abtsholz–(Disliberg–Pt. 585)–Pt. 563–Rebholden–Talacher Pt. 476.9–Pt. 428–Breiti–Nuglar
Stratigraphie	Malmkalk (Fazieswechsel), Oxford-Mergel, Callovien, Hauptrogenstein (inkl. Ferrugineus-Oolith), Blagdeni-Schichten
Tektonik	W–E-Störung: Gempen–Rebholden–Talacher-Verwerfung
Hydrogeologie	Quellen Oristal, Schicht- und Schuttquellen Basis Malmkalk
Diverses	Sackungen und Bergstürze NW Nuglar, Rutschungen
Karten	Geol. Atlas 1:25 000, Bl. Arlesheim; LK 1:25 000, Bl. 1067

Beschreibung

An der Strassengabelung Pt. 382 nach St. Pantaleon SW *Orismühle* sind die flachliegenden, mergeligen Blagdeni-Schichten des Unteren Dogger aufgeschlossen (Exk. 3, Stop 10). Im Steinbruch *Lusenberg* ist beinahe der gesamte Hauptrogenstein mit den drei mehr oder weniger gut ausgebildeten Mergelhorizonten (von unten nach oben: Mäandrina-Schichten, Homomyen-Mergel, Movelier-Schichten) vorhanden. Für eine ausführlichere Beschreibung der Entstehung des Hauptrogensteins sei auf das Kapitel über das Denkmal Schänzli verwiesen (s. S. 64 ff.).

Via Pt. 405 und Pt. 462 erreichen wir die Oberfläche des Dogger-Plateaus von *Nuglar,* welches vorwiegend aus dem leicht erkennbaren groboolithischen Ferrugineus-Oolith und den Varians- bzw. Macrocephalus-Schichten besteht. Vom Dorf Nuglar aus längs der Landstrasse Richtung Gempen durch Bergsturzgebiet – auf Oxford-Mergeln liegend – bis zur Quellfassung und dem Brunnen bei Pt. 538.6 SW des Rebholden-Abhangs. Hier stösst Hauptrogenstein des Munni gegen verdeckte Oxford-Mergel, was durch die WSW–ENE streichende Rebholden-Verwerfung bedingt ist. Die Verwerfung liegt in der Verlängerung einer grösseren W–E Störung, die aus der Gegend oberhalb Oberdornach über Gempen herstreicht, wobei es sich möglicherweise um ein älteres (oligocaenes ?) Querbruchsystem handelt.

Etwa 100 m weiter links flachliegender Hauptrogenstein des Munni-Plateaus im aufgelassenen Steinbruch (Deponie).

Weiter längs der Strasse durchqueren wir bei Pt. 563 Ferrugineus-Oolith, dann Callovien, bei Pt. 619 Oxford-Mergel und kommen im *Abtsholz* bei der Haarnadel-Strassenkehre in den Malmkalk (Übergangsschichten raurachische/argovische Fazies), der durch NE streichende Verwerfungen gestört ist und Interferenz-Erscheinungen mit der Gempen-Rebholden Verwerfung zeigt (s. Exk. 3, Stop 13).

Zurück zu Pt. 619 und Pt. 563. Von hier aus ostwärts dem Plateau von Munni entlang auf dem Waldsträsschen an der Oberkante von Rebholden bis S von Pt. 549.3, in der Grenzzone von flachliegendem Ferrugineus-Oolith und Oberem Hauptrogenstein (mehrere Aufschlüsse). Auf dem Abstieg nach *Talacher* durchqueren wir den ganzen Ferrugineus-Oolith. Vor Pt. 489.5[11] haben wir, durch Schutt verdeckt, die Rebholden-Verwerfung überschritten und gelangen in den kleinen Graben von Talacher, in dem bei Grabarbeiten Oxford-Mergel erschlossen worden sind.

Auf unserem Rückweg SW-wärts zum Pt. 428 können wir den Kontakt zwischen Callovien und Hauptrogenstein in etwa 460 m Höhe feststellen. Dieser liegt am durchschrittenen Rebholden-Profil etwa bei Kote 540 m. Hieraus ergibt sich für die Rebholden-Verwerfung eine Sprunghöhe von rund 80 m an dieser Stelle.

Rückkehr nach Nuglar via Pt. 428 und Breite (einige Ober-Dogger-Aufschlüsse).

---

[11] Auf der geol. Karte Bl. Arlesheim: 498.5.

Exkursion 21

Abb. 132.
Orismühle SW Liestal, Strassengabelung Pt. 382. Blagdeni-Schichten des Unteren Dogger (mit vermauertem Mergel-Horizont), rechts durch Verwerfung abgesetzt. Exk. 3, Stop 10; Exk. 21. (13.4.86).

Abb. 133.
Steinbruch Lusenberg bei Orismühle, SW Liestal. Hauptrogenstein mit schwach ausgebildeten Bändern der Homomyen-Mergel (= obere Acuminata-Schichten) und den Mäandrina-Schichten im oberen Drittel. Exk. 3, Stop 11; Exk. 21. (16.3.77).

Abb. 134.
An der Strassenkehre im Abtsholz NW Nuglar. Verwerfung im Malmkalk; mergelige (‹argovische›) Facies links vom Bruch, koralligene (‹raurachische›) Facies rechts. Exk. 3, Stop 13; Exk. 21. (7.4.78).

Exkursion 22
Büren–Bürenflue–
Bürer Horn–Büren

Ziel	*Bruchzone von Büren, E-Rand Hochwald-Gempenplateau*
Start/Anfahrt	Büren PTT-Bus von Liestal (SBB); Auto Ⓟ
Exkursionsart	Fusswanderung 11 km, Aufstieg 400 m
Ende/Rückfahrt	Wie Anfahrt
Dauer	Halbtägig bis ganztägig, je nach Verweilzeit an den Halten
Route	Büren Kirche–Ruine Sternenberg–Pt. 681.4–Eimerech Pt. 676–Spitzenflüeli–Bürenflue–Pt. 709–Pt. 691–Radacker–Banholz–Zelgli–Bürer Horn–Chöpfli–Büren
Stratigraphie	Oxfordien (Fazieswechsel), Callovien, Hauptrogenstein
Tektonik	Verwerfungen der Bruchzone von Büren
Hydrogeologie	Quellen der Umgebung von Büren (Quellhorizont!), Dolinen im Malmkalk am Rand des Plateaus
Diverses	Rutschungen und Sackungen im Erosionskessel von Büren
Karten	Geol. Atlas 1:25 000, Bl. Arlesheim; LK 1:25 000, Bl. 1067

Beschreibung

Büren wird von einer Bruchzone durchquert, die von Seewen her über Sternenberg in NNE Richtung verläuft (Tafeljura-Streichen!). Am SW Dorfrand von *Büren* ist am ‹Kohliberg› hinter dem Schopf des Malergeschäfts Schreiber eine der Bürer Verwerfungen aufgeschlossen, an der Oxford-Mergel im E an Ferrugineus-Oolith/Hauptrogenstein im W anstossen, was auf einen Abbruch gegen W von mindestens 50 m hinweist (s. Exk. 3, Stop 9). N hinter der Kirche ist Hauptrogenstein sichtbar, der von einem kleinen Bruch abgeschnitten gegen Varians-Schichten und Callovien anstösst (vgl. geol. Karte). Ein diesbezügliches Profil ist 1975 in der Baugrube zum Kreisschulhaus erschlossen worden.

Wir verlassen Büren nordwärts bis zum Steinbruch W Pt. 588, in dem versackte Mergelkalke der Übergangsschichten (Mittleres Oxfordien) anstehen. Dann folgen wir dem Weg nach S, um den Sporn des *Sternenbergs* herum, schliesslich steil aufwärts und über die Krete bis zur Ruine Sternenberg (Pt. 617). Während des Aufstiegs und auf dem Weitermarsch auf dem Bergrücken bis Pt. 681.4 sind tektonisch stark zerbrochene

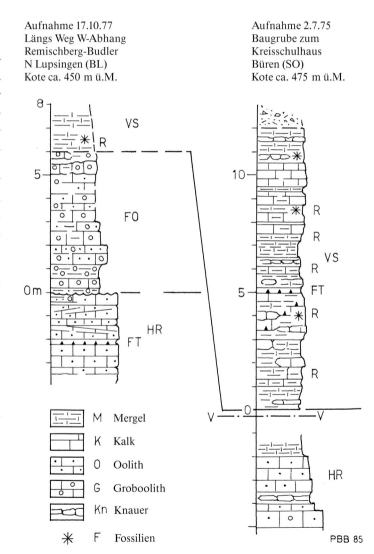

Abb. 135.
Stratigraphische Profile des Oberen Dogger im Tafeljura.

VS Varians-Schichten
FO Ferrugineus-Oolith
HR Hauptrogenstein

V   Verwerfung
FT Fossiltrümmerbett
R   ‹Rhynchonella varians›

Malmkalke (vorwiegend in Übergangsfazies) zu beobachten, was – unterlagert durch die Oxford-Mergel – beidseitig des dachförmigen Bergrückens Anlass zu Sackungen und Rutschungen gegeben hat (Name: Schlimmberg!)

Halt bei Pt. 681.4: Gute Aussicht auf den E Tafeljura.

Wir überqueren den Eimerich (Sequankalk) bis Pt. 676 (‹Argovien›) und beginnen hier unsere Wanderung an der E-Kante des Gempen/Hochwald-Plateaus über Spitzenflüeli-*Bürenflue*-Radacker-Banholz (N Seewen). Gute Übersicht über den ‹Erosionsarena› von Büren! Längs dieser Malmkalkplatte finden laterale Fazieswechsel von koralligenem ‹Rauracien› in die mergelkalkigen Übergangsschichten (‹Argovien›) statt, was sich aber meist nur durch Absteigen von der Oberkante in den Steilabhang hinab verfolgen lässt.

Auf dem Weg zum *Banholz* N von Seewen können wir zunehmendes S-Fallen des Sequankalk-Plateaus feststellen. Am Wegknie, 150 m SW Pt. 609.7, stossen wir auf die Verwerfung, die wir in Büren festgestellt haben. Via Pt. 610 bis Zelgi: Hier lässt sich eine Parallel-Verwerfung ermitteln, die für die Herausformung des Chöpfli verantwortlich ist. Längs beiden Brüchen sind bei Bauarbeiten Vorkommen von eocaenem Siderolithikum gefunden worden (heute kaum aufgeschlossen).

NW oberhalb Seewen konnte 1976 in einer Baugrube (Koord. 616.370/254.100) aus dem ‹Sequankalk› ein Ammonit sichergestellt werden, der als *Perisphinctes (Perisphinctes) panthieri* ENAY 1966 bestimmt wurde[12], womit das Alter dieser Schichten als mittlere Oxford-Stufe (Transversarium–Bifurcatus Zone) gegeben ist.

---

[12] Bestimmung Dr. R.A. Gygi, Naturhistorisches Museum Basel.

Abb. 136.
Perisphinctes (Ammonit) – Effinger Schichten (Mittleres Oxfordien).
Durchmesser: 18 cm.

Unsere Route führt nun zum *Bürer Horn* (Pt. 633), wo seit Jahren die fossilhaltigen (Perisphincten) Mergelkalke der Übergangsschichten, die den kalkigen Partien der Effinger Schichten ähnlich sehen, Sackungen und Rutschungen verursachen. Wir überqueren das durch die E Bürer Verwerfung bedingte Tälchen zum Chöpfli, wobei wiederum Fazieübergänge im Malm nebst tektonischen Störungen studiert werden können. Weiter westwärts durch Oxford-Mergel (Rutschgebiet!) bis Lätzenpelz (Quellgebiet); dann via Pt. 528 zurück nach Büren.

Exkursion 23
Lupsingen–Remischberg–
Schneematt–Chleckenberg–
Lupsingen

Ziel	*Tafeljura, Randaufschiebung; Riss-Grundmoräne*
Start/Anfahrt	Lupsingen, SBB Liestal und Postauto; Auto Ⓟ
Exkursionsart	Fusswanderung 10 km, Aufstieg 250 m
Ende/Rückfahrt	Wie Start
Dauer	Halbtägig
Route	Lupsingen–Orisbach Pt. 396–Remischberg–Budler Pt. 465–Rotengrund Pt. 446–Pt. 479.8–Schneematt Pt. 570–Ebnet–Pt. 523–Chleckenberg–Pt. 543–Eichli Pt. 501–Lupsingen
Stratigraphie	Riss-Grundmoräne, Wanderblock-Formation, Oxfordien, Callovien, Ferrugineus-Oolith, Hauptrogenstein, Unterer Dogger.
Tektonik	Bruchtektonik, Randaufschiebung des Faltenjuras
Hydrogeologie	Quellwasserversorgung von Lupsingen
Diverses	Rundhöcker (?) der Eiszeit
Karten	Geol. Atlas 1:25 000, Bl. Arlesheim 1984, Laufen-Mümliswil 1936 (Neudruck 1983); LK 1:25 000, Bl. 1067, 1087
Literatur	BITTERLI-BRUNNER, P. (1985): Aus dem Reiche der Natur; Geologie. In: Heimatkunde Lupsingen.

Beschreibung

Wir verlassen Lupsingen NE-wärts auf dem Weg zum Friedhof und am Waldrand entlang abwärts parallel der Landstrasse bis Pt. 396 im *Oristal*. Am NE-Abhang des Züpfen können wir am Wegrand an einzelnen Stellen Gerölle beobachten, die als Grundmoräne der Riss-Eiszeit (grösste Vergletscherung) gedeutet werden, die hier den NW-Rand des ehemaligen Rhonegletschers andeuten. (Weiter im NNE auf LK Blatt Sissach, durch Erratiker und N Sichternhof ebenfalls durch Grundmoräne verfolgbar.)

Bei Pt. 396 an der Innenkurve der Strasse (Vorsicht Verkehr!) sind die Blagdeni-Schichten aufgeschlossen. Im Talboden Grundwasser-Aufstösse und -Fassungen.

Zurück zum N-Fuss des Züpfen, auf dem Waldweg am W-Abhang des *Remischberges* und Budler entlang aufwärts, dann schliesslich auf der Bürenstrasse Richtung Lupsingen bis Pt. 465. Wir durchqueren den durch eine etwa NE streichende Verwerfung gestörten Hauptrogenstein vom Unteren Dogger bis ins Callovien in mehreren ausgedehnten Aufschlüssen (s. stratigr. Profil S. 196).

Hierauf umwandern wir die neue Lupsinger Siedlung ‹Leimen›. Mehrere Baugruben haben (hier und ‹in den Reben›) gute Aufschlüsse von Ferrugineus-Oolith, Callovien und ‹Wanderblöcken› geliefert. Über verschiedene Feldwege W bis *Rotengrund*. Die rote Bodenfärbung stammt von verwittertem, eisenhaltigem Oberen Dogger her! Je nach dem Zustand der Felder (Ackerbau!) können wir vereinzelte Quarzit- und Buntsandstein-

Abb. 137.
Lupsingen, Baugrube bei Mehrzweckhalle. Verlehmte Gerölle, vorwiegend Juragesteine, Grundmoräne der Riss-Eiszeit. Exk. 23. (17.6.77).

gerölle entdecken, die der Wanderblock-Formation angehören, ferner aber auch meist aus Jurakalken und Sandsteinen bestehende Geröllfelder der Riss-Grundmoräne.

Von *Rotengrund* Pt. 446 Anstieg südwärts bis zum Steinbruch in den sog. Übergangsschichten, d.h. gebankten Mergelkalken des ‹Argovien› (kleine Verwerfung!), oberhalb Pt. 479.8 (s. LK 1:25 000, Bl. 1087, Passwang). Die im Gebiet von Lupsingen vorkommenden mergeligen Schichten (‹argovische Fazies›) der mittleren Oxford-Stufe weisen bereits den lithologischen Charakter der sog. Effinger Schichten auf.

Weiterer Anstieg über Pt. 550 bis *Schneematt* Pt. 570; Studium der Randüberschiebung des hier aus Dogger bestehenden Faltenjuras auf den Malm des Tafeljuras (vgl. geol. Atlas 1:25 000, Bl. Laufen–Mümliswil 1936, Nachdruck 1983).

Rückweg an W Ebnet vorbei nach Pt. 523 über Sequankalk, der lokal von Tertiär (schlecht aufgeschlossen) überdeckt ist. Von hier aus über den *Chleckenberg* auf Sequankalk mit Moränenresten; gegen E Steilstufe durch Verwerfung bedingt. Abstieg vom Hof Eichli über kaum aufgeschlossene Mergelkalke der Übergangsschichten und Oxford-Mergel ins Dorf zurück, das teilweise auf Riss-Grundmoräne liegt.

Abb. 138.
E oberhalb Lupsingen (aufgelassener Steinbruch). Effinger Schichten (Übergangsschichten) des Mittleren Oxfordien. Exk. 23. (26.4.78).

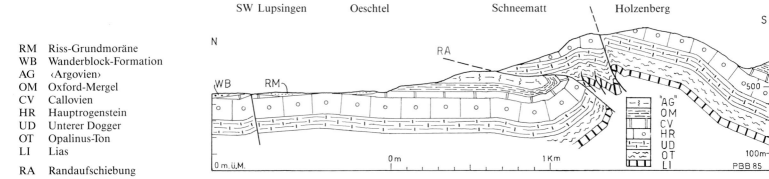

Abb. 139.
Geologisches Querprofil durch die Randaufschiebung S von Lupsingen (BL).
Nach E. Lehner 1920.

Exkursion 24
Lausen–Hupper-Grube–
Tenniker Flue–Schönegg–
Tenniken

Ziel	*Hupper-Gruben von Lausen; Miocaen-Transgression der Tenniker Flue*
Start/Anfahrt	Lausen bzw. Tenniken
Exkursionsart	Privatauto; öffentlicher Verkehr und Wanderung
Ende/Rückfahrt	Tenniken
Dauer	Halbtägig per Auto; ganztägige Wanderung (kann auch als zwei getrennte Halbtags-Exkursionen ausgeführt werden)
Route	Steinbruch Lausen der Cementwerke–Furlen–Hupper-Gruben Wasserschöpfi–Lausen–Itingen–Sissach–Zunzgen–Tenniken–Ober Gisiberg–Tenniker Flue–Schönegg, zurück via Tenniken
Stratigraphie	Juranagelfluh (Tortonien), Muschelagglomerat (Helvétien), Huppererde, Bolus, Bohnerz (=Siderolithikum, Eocaen), Oxfordien, Hauptrogenstein, Blagdeni-Schichten
Tektonik	Horst/Graben-Struktur des Tafeljuras
Diverses	Tertiäre Geröllablagerungen
Karten	LK 1:25 000, Bl. Sissach Nr. 1068
Literatur	BUXTORF, A. (1901): Geologie der Umgebung von Gelterkinden im Basler Tafeljura. – Beitr. Geol. Schweiz, [N.F.] *11*. – (1934): Exkursion Nr. 34A. Basler Tafeljura–Hauensteingebiet; – Geol. Führer Schweiz 1934, 8. B. Wepf & Cie, Basel. HAUBER, L. (1967): Exkursion 27a. Basel–Hauenstein–Olten; – Geol. Führer Schweiz 1967, 6. Wepf & Co., Basel. SENN, A. (1928): Über die Huppererde von Lausen und das geologische Alter der Zeininger Bruchzone (Basler Tafeljura). – Eclogae geol. Helv. *21/1*. SCHMASSMANN, H., HAUBER, L., und PFIRTER, U.: Unveröffentlichte Angaben.

Beschreibung

Dogger-Steinbruch Lausen. Beim Bahnhof Lausen sind im sog. Furlen-Graben (Tafeljura) im aufgelassenen Steinbruch der Portlandcementfabrik Liestal (Fabrik Lausen) die von grauen z.T. oolithischen und etwas sandigen Mergellagen durchzogenen, fossilarmen Blagdeni-Schichten und der Untere Hauptrogenstein über etwa 200–300 m Länge gut aufgeschlossen. Die Zufahrt befindet sich am E-Ende von Lausen, Abzweigung nach Ramlinsburg direkt nach dem Bahnübergang, P hinter der Fabrik. Der mit etwa 5° nach S einfallende, vorwiegend oolithische Hauptrogenstein ist am W-Ende des Steinbruchs an einer steilen Verwerfung um etwa 20 m abgesunken. Im zentralen Teil zeigt der gut gebankte unterste Hauptrogenstein eine ausgeprägte Schrägschichtung. Der obere Abschnitt des Profils kann durch Aufstieg am E-Ende des Bruches studiert werden. Bei der Besichtigung Vorsicht vor Steinschlag!

Hupper-Gruben von Lausen. Von der Portlandcementfabrik aus fahren wir längs der S-Seite des Gleisareals etwa 500 m westwärts, dann links abzweigend aufwärts nach S bis an den Waldrand Pt. 422 (Wasserschöpfi). Von hier aus beschreibt der etwa 1 km lange, ansteigende Fahrweg (nur Forstwirtschaftsverkehr) eine grosse Schlaufe, und man erreicht die untere NE Grube (Bau & Industrie-Keramik AG, Lausen) auf etwa 490 m Höhe. Um zur oberen SW Grube (Tonwerke Lausen AG) zu gelangen, zweigt man etwa 50 m vorher nach SW ab. Diese Grube wird zurzeit noch ausgebeutet, ist aber ebenfalls schon teilweise mit Deponiematerial aufgefüllt. Es sind Bestrebungen im Gange, das Grubenareal im jetzigen Zustand zum Naturschutzgebiet zu erklären und einige Aufschlüsse als geologisches ‹Denkmal› zu erhalten. Einige aufgelassene, teilweise aus dem letzten Jahrhun-

Abb. 140.
Steinbruch beim Bahnhof Lausen. Grenze (Übergang) zwischen Blagdeni-Schichten (grau, mergelig) und gebanktem, oolithischen Hauptrogenstein. Exk. 24. (11.10.85).

Exkursion 24

Abb. 141.
Huppergrube ‹Wasserschöpfi› ob Lausen. Hupper (Quarzsand und Ton), in einer Grabenzone abgelagerte, eocaene Verwitterungsprodukte. Exk. 24. (31.3.86).

Abb. 142.
Neue Huppergrube (Tonwerke AG), ob Lausen, Wasserschöpfi, SE-Ende der bis 1986 ausgehobenen Grube, Blick nach S. Grau-gelblicher eocaener Hupper überlagert von braunrotem Bolus-Ton mit Bohnerz, darüber versackte, helle mergelige Effinger Schichten (sog. ‹Argovien›), und gelbe Daubrée-Kalke (oben links). Exk. 24. (13.3.86).

Abb. 143.
Neue Huppergrube ob Lausen, Wasserschöpfi, SE-Rand der zentralen, z.T. aufgeschütteten alten Grube. Konglomerat (Gompholithe de Daubrée, Mittel- bis Ober-Eocaen) mit Komponenten Malmkalk-, Sandstein-, Hornstein- und Bohnerz-Geröllen und Brocken. Exk. 24. (13.3.86).

dert stammende Gruben in der Umgebung sind kaum mehr erkennbar.

Untere Grube (BIK Lausen). Beim Zugang rechts sind am SE-Rand orangebrauner und roter Hupper und etwas Bolus mit Bohnerz sichtbar (erbsen- bis haselnussgrosse Körner aus Limonit); lokal ist auch grauer Hupper vorhanden. Über dem Siderolithikum wird der SE-Rand durch Effinger Schichten (= ‹Argovien›) abgeschlossen, was eine Verwerfung voraussetzt, anderseits als versackte Massen erklärt werden müsste (s. Profil Abb. 144). Auf der gegenüberliegenden Seite wird die hier teilweise aufgefüllte Grube durch eine aus S-fallenden Sequan-Kalk bestehende Wand gebildet, an der noch eine ‹angeschnittene› Doline feststellbar ist.

Obere Grube (Tonwerke Lausen). Die im SW an der Gemeindegrenze Bubendorf liegende obere Grube bildet die Fortsetzung früherer Hupper-Ausbeutungen und wird zurzeit (1986) intensiv abgebaut, so dass sich die Aufschlussverhältnisse ständig ändern. Gegenwärtig wird der SE-Rand durch einen Grossaufschluss von graugelbem und rotbraun gefärbtem Hupper gebildet, der in der äussersten SE-Ecke durch roten Hupper und Bolus mit Bohnerz überlagert wird. Das deutlich geschichtete Siderolithikum zeigt längs der Abbauwand ein Einfallen von etwa 5–10° nach E. Darüber folgen verwitterte, hellbeige Effinger Schichten, was wiederum – wie in der unteren Grube – durch eine Verwerfung oder Sackung erklärt werden muss. In der Fortsetzung gegen NE sind nun aber am oberen Rand über eine Länge von etwa 200 m mehrmals gelbe Kalke und Konglomerate der Daubrée-Formation aufgeschlossen, die normalerweise die Huppererde überlagern. Da sie am SE-Ende der oberen Grube über den Effinger Schichten vorkommen, muss hier nochmals ein anormaler Kontakt (?Bruch) vorliegen.

In Kalkbruchstücken sind früher Süsswasser-Schnecken *(Planorbina pseudoammonius)* gefunden und durch A. GUTZWILLER 1906 beschrieben worden. Bei den Sedimenten der Hupper-Gruben handelt es sich deshalb um die während der Kreidezeit verwitterten und im frühen Eocaen zusammengeschwemmten und in Vertiefungen abgelagerten Residualprodukte der damaligen Malm-Landoberfläche. Die darüberliegenden Daubrée-Konglomerate stellen Geröllüberreste eines obereocaenen Flusssystems dar.

Aufgrund der Aufschlussverhältnisse in der Wasserschöpfi des lithologisch sehr variierten Siderolithikums und seiner Auflagerung hat A. SENN (1928) eine frühtertiäre (Lutétien) Einbruchphase des zur weiteren Zeininger Bruchzone gehörenden Furlen-Grabens postuliert. Andere Geologen hielten aber mehrheitlich an der oligocaenen Bruchbildung im Tafeljura fest. Sehr ähnliche Eocaen-Vorkommen finden sich z.B. auch längs der Hochwald-Verwerfung vor (Exk. 3 und 13); sie könnten ebenfalls auf die Möglichkeit eines eocaenen Einbrechens gewisser Zonen im Tafeljura hinweisen.

Miocaen-Transgression der Tenniker Flue. Wir erreichen die Tenniker Flue – im Auto bis Ober Gisiberg – via Lausen–Itingen–Zunzgen–Tenniken. Etwa 300 m vor dem N-Rand von Tenniken grosser, aufgelassener Hauptrogenstein-Steinbruch (P). Eine Detail-Profilbesichtigung ist nur durch Aufstieg am N- bzw. S-Rand der Grube möglich (Unt. Hauptrogenstein mit Nerineen-Bank, Homomyen-Mergel, Ob. Hauptrogenstein, Varians-Schichten).

Am Dorfeingang von Tenniken zweite Strasse nach links, den Seemattweg und anschliessend die kleine Fahrstrasse steil

Exkursion 24

GS Gehängeschutt
S   Sackung (von Effinger Schichten)
E   Eocaen
DK Daubrée-Konglomerate und -Kalke
BO Bolus
SW Süsswasserkalk
RT Roter Ton
PK Planorbenkalk
WH ‹Wilder› Hupper
HU Hupper
H   Hupper-Grube (aufgefüllt)
SQ Sequankalk (‹Séquanien›)
AG Effinger Schichten (‹Argovien›)
CV Callovien
HR Hauptrogenstein
BD Blagdeni-Schichten
UD Unterer Dogger
OT Opalinus-Ton
LI Lias

V   Verwerfung
Ch   Cholholz
La   Landschachen
Wa   Wasserschöpfi
F/L Weg nach Furlen und Lausen

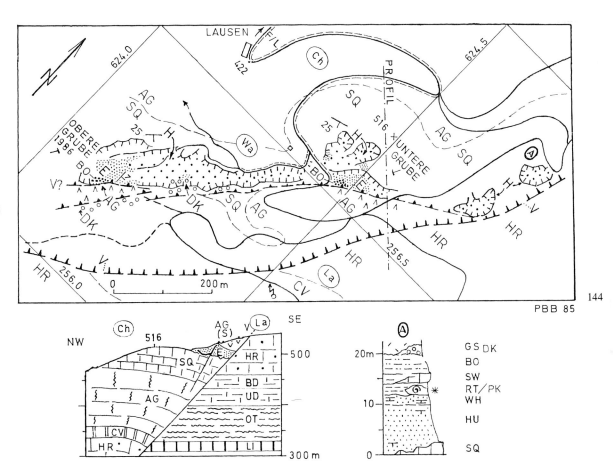

Abb. 144.
Die eocaenen Hupper-Gruben der Wasserschöpfi bei Lausen (BL).
Geologische Kartenskizze und Profile. Nach A. Senn (1928),
H. Schmassmann (1950) und L. Hauber (1960).

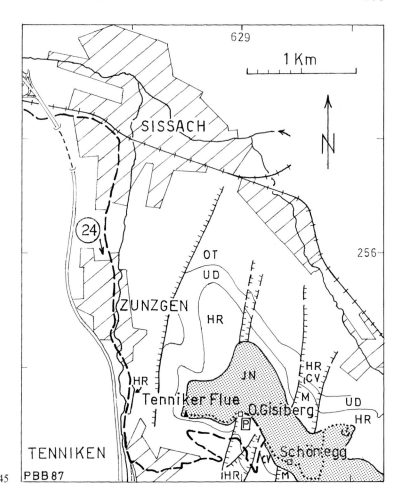

Abb. 145.
Situationsskizze zur Tenniker Flue – Exkursion Nr. 24
(Geologie nach A. Buxtorf 1900).

JN Juranagelfluh (z.T. Helicidenmergel)
M   Malm (Geissberg- und Effinger Schichten)
CV Varians-Schichten und Callovien
HR Hauptrogenstein
UD Unterer Dogger
OT Opalinus-Ton

aufwärts zum Hof Ober Gisiberg (Neuberg), Ⓟ. Zu Fuss bis Pt. 600.4.

Von den Hupper-Gruben her erreicht man die Tenniker Flue zu Fuss via Landschachen–Pt. 523 N Ramlinsburg–Zunzgen–Pt. 471–Stutz steil aufwärts zur Flue (Pt. 600.4).

Auf der *Tenniker Flue* sind heute noch mehrere Gruben des früheren Steinbruchbetriebes sichtbar, in denen das wenige Meter mächtige, mit Kalkspat verkittete, wetterbeständige Muschelagglomerat zu Bauzwecken gewonnen wurde. Beim Aussichtspunkt an der Kante der Flue ist in einem solchen Steinbruch die Miocaen-Transgression aufgeschlossen: Das aus Fossilien und Schalentrümmern bestehende Tenniker Muschelagglomerat (Helvétien) liegt hier auf der von Pholaden angebohrten Oberfläche von erodiertem, 10° S-fallendem Unterem Hauptrogenstein, der zum etwa N-S streichenden Horst der Tenniker Flue und des Obergs gehört.

Beim Hof Ober Gisiberg haben wir einen schmalen, mit ‹Argovien›-Mergeln gefüllten Graben überschritten. Diese werden dort ebenfalls transgressiv vom miocaenen Muschelagglomerat überlagert. Basierend auf diesen Verhältnissen und auf

Einzelbeobachtungen früherer Autoren hat BUXTORF (1900, 1901) die Entstehung des Tafeljuras klar hergeleitet:

a) Vormiocaenes Einbrechen der Keilgräben, d.h. Entstehung der Horst/Graben-Struktur im mittleren Oligocaen, möglicherweise mit ersten Anfängen im Eocaen,

b) Einebnung des Reliefs zur Fastebene (Peneplain), anschliessend bis ins Untermiocaen,

c) kurzfristige Transgression im mittleren Miocaen (Helvétien) auf mariner Abrasionsfläche mit nachfolgender fluviatiler Geröllschüttung von N (Juranagelfluh = Tortonien),

d) nach weiterer Abtragung und Einebnung Jurafaltung und Überschiebung erst ab Obermiocaen bis Pliocaen (Beginn vor etwa 10 Mio. Jahren).

Über dem etwa 3 m mächtigen Muschelagglomerat im Steinbruch der Tenniker Flue folgen etwas Schnecken-führende Süsswasserkalke und rote Mergel, die in der weiteren Umgebung von der aus dem N stammenden Juranagelfluh weitflächig überlagert werden. Die Gerölle sind vorwiegend Hauptrogenstein, Malmkalke, Muschelkalke, ferner Lias und Unterer Dogger, aber selten Buntsandstein und Kristallin. Abgesehen von kleineren gelegentlichen Aufschlüssen finden wir zahlreiche lose Gerölle verbreitet in den Äckern der Hochfläche des Obergs und zwischen Obererem Gisiberg und dem Hof Schönegg.

Zur Besichtigung der Helicidenmergel und deren Überlagerung durch die Juranagelfluh (hier vorwiegend aus losen Geröllen bestehend) unternehmen wir einen Abstecher über den Hof *Schönegg* zum aufgelassenen Steinbruch im Wald 250 m NE Pt. 626.

Rückfahrt auf dem gleichen Weg via Tenniken; Postauto bis Sissach.

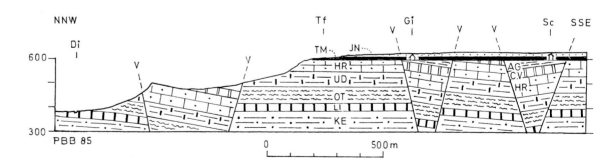

JN   Juranagelfluh (Miocaen)
TM   Tenniker Muschelagglomerat
AG   ‹Argovien›-Mergel
CV   Callovien
HR   Hauptrogenstein
UD   Unterer Dogger
OT   Opalinus-Ton
LI   Lias
KE   Keuper
Gi   Gisiberg-Graben
Sc   Schönegg-Graben
V   Verwerfung
Di   Diegter Bach
Tf   Tenniker Flue

Abb. 146.
Geologisches Querprofil durch den Tafeljura und die Tenniker Flue.
Nach A. BUXTORF, in: Geol. Führer Schweiz 1934.
Das miocaene Tenniker Muschelagglomerat (schwarz) transgrediert über den teilweise erodierten, eingeebneten Tafeljura.

Abb. 148.
Tenniker Flue, aufgelassene Grube NE Schönegg (Koord. 629.950/254.425). Rote, miocaene Heliciden-Mergel überlagert von Juranagelfluh (Tortonien). (11.10.85).

Abb. 149.
Tenniker Flue, aufgelassene Grube NE Schönegg. Miocaene Juranagelfluh (Geröllablagerung aus dem Norden, Schwarzwald?) auf roten Heliciden-Mergeln (Helvétien) ruhend – andernorts liegen Heliciden-Mergel auch über der Juranagelfluh. Exk. 24. (11.10.85).

Abb. 147.
Tenniker Flue Pt. 600.4. Miocaenes Muschelagglomerat transgredierend auf Hauptrogenstein, die vor-miocaene Bruchbildung und Einebnung der Horst/Graben-Struktur des Tafeljuras beweisend. Exk. 24. (11.10.85).

Anhang

Literaturhinweise

BITTERLI(-BRUNNER), P. (1945): Geologie der Blauen- und Landskronkette südlich von Basel. – Beitr. Geol. Schweiz *81*.[13]

BITTERLI-BRUNNER, P. (1982): Zur Geologie des Laufentales. In: Tätber. Schweiz. Hydrogeol. 1981/82; Eclogae geol. Helv. *75/3*.[14]

BUXTORF, A. (1934): Exkursion Nr. 33, Umgebung von Basel. – Geol. Führer Schweiz *8*; Schweiz. Geol. Komm.

DISLER, C. (1941): Stratigraphischer Führer durch die geologischen Formationen im Gebiet zwischen Aare, Birs und Rhein. – B. Wepf & Cie, Basel.

FISCHER, H. (1965): Geologie des Gebietes zwischen Blauen und Pfirter Jura. – Beitr. Geol. Schweiz *122*.

– (1969a): Geologischer Überblick über den südlichen Oberrheingraben und seine weitere Umgebung. – Regio basil. *10/1*.

– (1969b): Einige Bemerkungen zur «Übersichtstabelle zur Geologie der weiteren Umgebung von Basel». – Regio basil. *10/2*.

GYGI, R. (1982): Versteinerungen der weiteren Umgebung von Basel. – Naturhistorisches Museum Basel *11*.

HAUBER, L. (1967a): Exkursion Nr. 27, Basel-Frick. – Geol. Führer Schweiz *6*.

– (1967b): Exkursion Nr. 27a, Basel-Hauenstein-Olten. – Geol. Führer Schweiz *6;* Schweiz. Geol. Komm.

– (1977): Wenn Steine reden; Geologie von Basel und Umgebung. – Offizin der Basler Zeitung.

HAUBER, L., LAUBSCHER, H. & WITTMANN, O. (1971): Bericht über die Exkursion der S.G.G. in das Gebiet der Rheintalflexur und des Tafeljuras bei Basel vom 19. und 20. Oktober 1970. – Eclogae geol. Helv. *64/1*.

HERZOG, P. (1956): Die Tektonik des Tafeljura und der Rheintalflexur südöstlich von Basel. – Eclogae geol. Helv. *49/2*.

HOTTINGER, L. (1980): Wenn Steine sprechen. Über die Geologie der Alpen. – Birkhäuser, Basel.

JÄCKLI, H. (1985): Zeitmassstäbe der Erdgeschichte; Geologisches Geschehen in unserer Zeit. – Birkhäuser, Basel.

LAUBSCHER, H.P. (1967): Exkursion Nr. 14, Basel-Delémont-Moutier-Biel. Geol. Führer Schweiz *4;* Schweiz. Geol. Komm.

– (1980): Die Entwicklung des Faltenjuras – Daten und Vorstellungen. – N. Jb. Geol. Paläont. Abh. *160/3*.

– (1982): Die Südostecke des Rheingrabens – ein kinematisches und dynamisches Problem. – Eclogae geol. Helv. *75/1*.

LAUBSCHER, H. & BERNOULLI, D. (1980): Cross-section from the Rhine Graben to the Po Plain. – Geology of Switzerland, a guide-book, part B, exkursion No. III (1st day); Schweiz. Geol. Komm., Wepf & Co. Basel, New York.

Naturhistorisches Museum Basel (1983): Vom Hochgebirge zum Tiefseegraben. – Birkhäuser, Basel

STÄUBLE, A.J. (1959): Zur Stratigraphie des Callovian im zentralen Schweizer Jura. – Eclogae geol. Helv. *52/1*.

VOSSELER, P. (1938): Einführung in die Geologie der Umgebung von Basel in 12 Exkursionen. – Helbing & Lichtenhahn, Basel.

---

[13] Quelle der Abb. 20, 76, 77, 80, 85, 86, 88, 92, 93, 95, 96, 97, 100, 111, 112
[14] Quelle der Abb. 31

Register

Aalénien 29
Absatzgestein 20, 21
Abtsholz 96, 192, 193
Acuminata-Schichten s. Homomyen-Mergel
Adler 45, 184, 185
Adlerhof (-Struktur) 40, 42, 92, 175, 184, 185, 189
Aesch 31, 37, 40, 41, 42, 80, 84, 120, 141, 157, 168
Affolter 160
Akkumulation 20, 21, 36
Aktualitätsprinzip 18
Algen (-Kalk) 21, 46, 66
Allschwil (-Verwerfung) 39, 40, 41, 52, 58, 59, 61, 78, 84, 100–104, 106
Allschwil-1, -2, 102–104
Alluvial, Alluvionen 37, 38, 39, 87
Ammonit 28, 45, 128, 148, 149, 168, 190, 197
Amselfels 137, 138
Anceps-Athleta-Schichten 29, 123, 126, 147, 148, 150
Angenstein 57, 60, 61, 80, 154
Anhydrit (-Gruppe) 21, 23, 24, 28, 55, 56, 180, 182
Äolisch 21, 36
Arenit 20, 45
«Argovien» 18, 29, 93, 96, 197, 201, 202, 205–208
Argovische Fazies 18, 96, 188, 192, 193, 201

Arietenkalk 28, 45, 92, 182, 184, 185
Arkose 21, 23
Arlesheim 31, 39, 40, 41, 45, 81, 84, 164, 165
Asp (-Hof) 37, 58, 175
Ättenberg 189
Aue-Lehm 38
Austern (Ostrea) 33, 64, 66, 81, 115, 140, 146, 147, 182, 190

Bajocien 29, 64, 127
Bänkerjoch 27
Barren-Theorie 55
Basler Rücken 41, 102, 103
Bathonien 28, 29, 123, 127, 147, 148, 189
Bathyal 21, 23
Bausteine 25, 43–51, 208
Bergheim Blauen Reben 136
Bergmatten (Dittingen) s. Dittingen
Bergmatten (Hofstetten) 106, 130, 131, 133
Bergmatten (Pfeffingen) 120, 122
Bergsturz 78, 81, 93, 96, 97, 106, 107, 120, 122, 136, 154, 188, 189, 192
Berner Sandstein 50
Bettingen 44, 60, 61
Bettlerhöhle 86
Biberstein 45, 48
Bielgraben 120, 123
Bioherm, Biostrom 22, 149

Birs (-Tal, -Schotter) 28, 34, 35, 37, 38, 39, 41, 49, 52, 62, 64, 80, 81, 84, 86, 94, 97, 98, 120, 122, 140, 142, 149, 154–157, 165, 168, 174–176
Birseck 41, 86, 160, 164, 165, 171
Birsfelden 40, 60, 84, 86
Birsig (-Tal) 35, 41, 45, 57, 84
Blagdeni-Schichten 29, 79, 96, 130, 133, 164, 188, 190, 192, 193, 200, 204, 207
Blatten 122, 123, 137
Blauen (Berg, Dorf) 31, 40, 41, 45, 49, 123, 130, 137, 171
Blauen-Antiklinale 18, 31, 40, 41, 78–80, 84, 92, 106, 107, 120–122, 127, 130–132, 136, 140–142, 155
Blauen-Störung 79, 126, 128, 131, 133
Blauer Letten s. Meletta-Schichten
Block 20, 43, 78, 112, 142
Bohnerz, Bolus 31, 33, 52, 103, 106, 108, 112–114, 149, 205–207
Bohrmuscheln 66, 147, 150, 182, 208
Brackisch 31, 98, 100
Brauner Jura s. Dogger
Bruederholz 35, 37, 41, 49, 50, 57, 59–61, 84
Brunnenberg 79, 126
Bucht von Arlesheim 41, 81, 165
Bunte Keuper-Mergel 24, 27, 28, 56, 174, 175, 185

Buntsandstein 23, 24, 25, 34, 45, 46, 48, 49, 50, 56, 85, 120, 157, 180, 200
Büren (Flue, Horn) 20, 40, 93, 94, 96, 196, 197
Burg Rötteln s. Rötteln (Burg)
Bürgerwald-Antiklinale 84
Büttenloch 115, 117

Callovien 28, 29, 78, 79, 85, 94, 96, 103, 106, 120, 123, 127, 128, 131, 142, 146–150, 155, 156, 160, 164, 170–171, 174, 180, 182, 189, 196, 200, 202, 207–209
Chälengraben 106, 115, 130–133
Chall-Brunnenberg-Störung 79, 126
Chall (-Höchi) 79, 127, 128
Chaltbrunnental 34, 60, 61
Chastel (-Bach, -Höhe) 33, 34, 158
Chattien 31, 33, 34, 39, 49, 84, 97, 155
Chessiloch 80, 122, 141, 142
Chleckenberg 201
Chleiblauen 33, 49, 115, 136
Chleiflüeli 189
Chlus 33, 122, 123
Cholholz (Egglisgraben) 56, 92
Cholholz (Nenzlingen) 122, 142, 143
Christen 188, 190
Combe 79, 128, 131, 137
Cyrenenmergel 33, 62, 84, 93

Dalle nacrée 29, 106, 123, 128, 147, 148
Daubrée (-Kalk, -Konglomerat) 205-207
Deckenschotter, Älterer 36, 78, 87, 175
Deckenschotter, Jüngerer 21, 36, 49, 62, 78, 84, 100-104, 160, 175, 184, 185
Degerfelden 44, 46
Delsberg (Becken) 31, 52
Delta (Sediment) 20, 22
Diagenese 17, 21
Diagonal-(Schräg-) Schichtung 22, 29, 30, 34, 37, 46, 66, 140, 146, 204
Diluvium 35
Dinkelberg 27, 39, 84
Disharmonisch (Faltung) 31, 128, 137
Diskordanz 22, 64, 121
Dittingen (Bergmatten) 40, 45, 80, 126, 128
Dogger (Oberer, Unterer) 18, 28, 29, 42, 45, 53, 62-66, 79, 84-90, 92-94, 96, 97, 103, 106, 120, 123, 127, 128, 130-133, 138, 146-149, 154-156, 160, 164, 170, 171, 174, 180, 182, 185, 188-190, 192, 193, 200-202, 204, 206-209
Doline 27, 28, 93, 189, 206
Dolomit 18, 21, 22, 23, 27, 34, 44, 52, 55
Dornach 40, 45, 49, 80, 92, 93, 97, 98
Dornachberg 160, 161, 168
Dornachbrugg 34, 97, 98, 155, 160
Dorneck 80, 85, 160
Duggingen 20, 40, 154-157

Ebnet 184
Echinodermenbrekzie 21, 29, 128
Effinger Schichten 29, 42, 197, 201, 205-208
Eggberg 120, 122
Eggflue (-Störung) 18, 41, 122, 142, 155
Egglisgraben 92, 184
Eichenberg 19, 33, 157
Eischberg 94, 120, 155
Eiszeit 35, 36
Elsässer Molasse 31, 33, 34, 39, 49, 78, 81, 84-87, 93, 97, 98, 101, 103, 120, 155, 164, 165, 168
Eocaen 31, 33, 51, 84, 85, 103, 106, 108, 112-114, 157, 197, 205-207, 209
Epirogenese 22
Erosion 22, 35, 37, 38, 101, 182, 189, 209
Erratiker 20, 49, 200
Esselgraben (-Störung) 115, 130, 132, 137, 138
Ettingen (Bad) 37, 40, 41, 46, 112, 115, 117, 131, 137
Evaporit 28

Falkenflue 41, 80, 154-156
Falten (-Jura) 22, 31, 35, 39, 41, 86, 92, 93, 105-151, 160
Fazies (-Wechsel) 18, 20, 31, 93, 96, 106, 196, 197
Felsplatte (-Störung) 78, 79
Ferrugineus-Oolith 29, 65, 88, 89, 92-94, 106, 123, 127, 132, 137, 140, 147, 148, 154, 160, 170-171, 188, 189, 192, 196, 200
Festland 21, 28, 31, 52
Fischschiefer 31, 33, 78, 103, 107, 112, 115, 120
Flachmeer 21, 64
Flexur 22, 39, 62-64, 97, 149
Flüh 40, 49, 78, 107, 109
Fluviatil 20, 21, 23, 35, 37, 102

Foraminiferen (-Kalk) 21, 103, 148, 149
Formation 18, 20, 43, 72, 104, 147
Forstberg 78, 80
Fossilien, fossilreich 18, 28, 29, 45, 64-66, 79, 80, 106, 127, 128, 136, 142, 147-149, 157, 158, 182, 184, 189, 190, 206, 208
Frick 24
Furlen (-Graben) 206, 207
Fürstenstein 107, 131, 132, 137

Gansinger Dolomit 24, 28, 44, 56, 92, 174-176
Gehängeschutt 52, 97
Gempen (-Plateau) 40, 41, 45, 92, 96, 97, 154, 168, 171, 192, 197
Gempen (-Störung) 92, 96, 97, 160, 168, 192
Gempenstollen s. Schartenflue
Geologisches Denkmal 34, 62-66, 81, 82, 86, 100, 175, 204
Gips 21, 23, 27, 28, 55
Gipskeuper 24, 27, 56, 174, 175, 180
Glazial 20, 36, 102
Glögglifels 141, 142
Gmeiniwald 120, 122
Gneis 17, 43, 50, 84, 102, 181, 182
Gobenmatt 164
Gold 53, 54
Graben 23, 39, 41, 92, 93, 102, 157, 164, 169, 171, 180, 182, 188, 192, 205, 208, 209
Graded bedding 21
Granit 17, 43, 84, 102, 181, 182
Grellingen 30, 33, 34, 40, 57, 60, 61, 80, 140-142, 158
Grenzach (-Hörnli) 27, 40, 44, 52, 84, 86, 87
Grossbasel 49, 57-62
Grossi Weid 142

Gruet (Gruth) 81, 171, 175, 176
Grundgebirge 23, 85
Grundmatt 115, 116
Grundmoräne 200-202
Grundwasser 56, 57-62, 84, 140, 157, 182, 200
Gryphitenkalk s. Arietenkalk
Gundeldingen 37, 58, 84
Günz-Eiszeit 36

Habitus 18
Hardground 65, 66, 80, 127, 140, 146-148, 150, 182
Hard (-Wasser) 57, 60-62
Härteskala 22
Hauptmuschelkalk 24, 27, 44, 56, 175
Hauptrogenstein 22, 29, 30, 42, 45, 52, 62-66, 78-81, 84, 85, 88-90, 92-94, 96, 97, 103, 106, 107, 123, 127, 128, 130-133, 137, 140-142, 146-148, 154-156, 160, 164, 165, 168-171, 174-176, 180-182, 185, 188, 189, 192, 193, 196, 200, 202, 204, 206-211
Hauptsteinmergel s. Gansinger Dolomit
Hauptverwerfung 39, 64, 84
Helicidenmergel 209, 211
Helvétien 49, 208, 209, 211
Hiatus (Sedimentations-Unterbruch) 22, 101, 146
Hinter Ebni 168, 171
Hochterrasse 21, 36, 37, 49, 50, 62, 80, 84, 86, 100, 112, 142, 154, 157, 165
Hochwald (-Verwerfung) 33, 40, 92-94, 97, 154, 157, 160, 168, 206
Hofmatt 40, 81, 171, 174, 176
Hofstetter Chöpfli 106, 107, 109

Register

Hofstetten (Mulde) 33, 45, 78, 106, 107, 112, 115, 116, 130–132
Holocaen 37, 39
Homomyen-Mergel 29, 65, 66, 79, 89, 123, 128, 132, 146–148, 192, 193
Hörnli s. Grenzach (-Hörnli)
Horst/Graben-Struktur 22, 41, 42, 84, 102, 164, 168–171, 208, 209, 211
Humphriesi-Schichten 28, 29, 130, 133, 164, 174, 180, 185, 188–190
Hupper 31, 33, 52, 112–114, 204–207

Ingelstein 97, 160, 168
Inzlingen 25, 44
Isotopen 18
Istein (-Klotz) 39, 45, 84

Jura (-Zeit, -Meer, -Formation) 22, 28, 29, 31, 45, 61, 146
Jura (-Faltung) 22, 42, 106, 120, 130, 209
Juranagelfluh 35, 87, 208, 209, 211

Kalk (-stein) 21, 23, 27, 28, 31, 43, 45, 49, 52, 55, 64, 65, 80, 131, 143, 181, 190
Kalktuff 21, 31, 33, 114, 142
Kalkspat, Kalzit 22, 51, 64
Karbon 23, 43
Karst, Verkarstung 21, 31, 61, 93, 106, 115, 116, 149
Kettenjura s. Faltenjura
Keuper 24, 27, 28, 39, 42, 45, 85, 92, 94, 96, 174–176, 180, 182, 184, 185, 188
Kies 20, 37, 43, 51, 53
Kiesgrube (Muttenz) 37, 51, 92, 181, 182
Kimmeridgien 31, 45, 47, 48
Klastische Sedimente 20
Kleinbasel 37, 57–61

Klima 23, 28, 29, 55
Klüftung 107, 117, 131, 164, 169, 175
Klus bei Tschäpperli 120, 122
Klus von Flüh 78, 106, 107
Klus von Grellingen 41
Kohle 21, 23, 28, 175
Konglomerat 21, 23, 33, 45, 49, 89, 107, 112, 114, 160, 181, 182, 205–207
Konkretion, Knauer 29, 100–102, 146, 149, 190
Kontinental 21
Korallen (-Riff) 20, 22, 64–66, 89, 90, 95, 115, 127, 146–149, 157, 185
Korallenkalk (Rauracien-) 18, 21, 22, 29, 31, 33, 45, 61, 78–82, 84, 85, 92–95, 97, 103, 106–108, 115–117, 120, 126, 130, 131, 137, 141–143, 146–149, 151, 154–157, 160, 161, 164, 165, 168–171, 174, 177, 180, 182, 188, 189, 197
Korngrösse 20, 22
Kreide 23, 31, 206
Kristalline Gesteine 17, 23, 43, 84
Küstenkonglomerat 31, 113, 160

Laahallen 182
Lagunär, Lagune 21, 23, 28, 31
Lakustrisch 21
Landskron (-Kette) 31, 40, 41, 78, 84, 92, 106, 108, 109, 112, 115, 117, 171
Landskron (-Verwerfung) 78, 86, 106, 108
Lange Erlen/Eglisee 37, 57, 59–61
Langmatt 171
Länzberg 33, 157, 168
Laterit 21
Laufen-Becken 35, 39, 41, 79
Laufener Kalk 45, 47, 49
Laufental 20, 45
Lausen 52, 157, 204–207

Lehm, s. Lösslehm
Leimental 37, 41, 106
Leitfossil 18, 128
Lettenkohle 24
Leymen 40, 41, 78, 106, 108
Leymen-1 78, 102–104
Lias 20, 28, 29, 42, 45, 56, 85, 87, 92, 94, 96, 174, 175, 180–182, 184, 185, 188, 202, 207, 209
Liesberg 52, 146–149
Liesberg-Schichten 28, 29, 31, 79, 103, 106, 108, 120, 126, 147–149, 151, 157, 160
Limnisch 20, 21, 23, 31
Linkenberg 93
Lithologie 18, 29, 31
Lörrach 39, 62, 84, 86–90
Löss/Lösslehm 21, 36, 37, 39, 41, 52, 78, 84, 100–102, 106, 165, 175
Lupsingen 20, 40, 196, 200–202
Lusenberg 29, 96, 192, 193
Lutit 20

Mäandrina-Schichten 29, 65, 192, 193
Macrocephalus-Schichten 28, 29, 123, 126, 128, 147, 148, 192
Madeln 45
Magma 17
Maienbüel 25, 44
Malm 28, 29, 31, 41, 45, 78, 80, 104, 106, 128, 146–149, 182, 188, 206
Malmkalk 39, 45, 49, 52, 78–82, 84, 92, 93, 97, 106, 107, 115, 117, 120, 121, 126, 131, 136, 138, 141–143, 154–157, 160, 168, 174, 192, 193, 196, 205, 209
Mariastein 78, 106, 107, 109
Marin 20, 21, 31, 55, 64, 98, 100
Marmor 43
Meeresmolasse 35

«Meeressand» 22, 31, 33, 45, 85, 87–90, 94, 97, 103, 107, 112, 114, 115, 120–122, 136, 160, 161, 164, 168
Meletta-Schichten 31, 33, 39, 48, 49, 52, 62, 64, 78, 84, 85, 87, 100–103, 106, 107, 112, 115
Mergel (-Ton) 21, 23, 28, 33, 34, 52, 64, 65, 80, 127, 131, 143, 146–149
Mesozoikum 23, 35, 64
Metamorphe Gesteine 17, 23, 43
Metzerlen (-Chrüz) 40, 41, 78, 126, 127
Milieu (Ablagerungs-, Meeres-) 18, 21, 28, 29, 100
Mindel-Eiszeit 36, 100, 101, 161
Miocaen 31, 35, 206, 208, 209
Molasse 35, 49, 50, 57, 61, 62, 84, 181
Molasse alsacienne s. Elsässer Molasse
Moräne 20, 201
Movelier-Kette 146, 149
Movelier-Schichten 29, 65, 88–90, 123, 146–148, 192
Mulde von Metzerlen–Hofstetten s. Hofstetten (Mulde)
Mulde von St. Jakob–Tüllingen 39, 41, 85, 102
Mülhauser Horst 41, 102
Mumien (-Bank, -Kalk) 33, 45, 46, 65, 66, 79–81, 88, 89, 133, 146
Münchenstein 29, 34, 40, 45, 62, 81, 82, 168, 169, 171, 174, 176
Muni, Munni 168, 192
Murchisonae-Schichten 29
Muschelagglomerat 35, 49, 208, 209, 211
Muschelkalk 23, 24, 25, 27, 39, 45, 52, 55, 56, 85–87, 180, 181, 182, 209

Muttenz 27, 28, 29, 37, 40, 45, 51, 57, 61, 62–64, 81, 86, 94, 181

Nachglazialzeit 37
Nagelfluh 21, 37, 49, 50, 53, 86, 100–102, 154, 181
Natica-Schichten 29, 79, 80, 107, 136, 142, 143
Nenzlingen 31, 40, 122, 141–143
Nerineen (-Kalk) 45, 47, 48, 64–66, 149, 182
Neritisch 21, 23
Neuewelt 27, 28, 40, 62, 85, 174–176
Neu-Schauenburg 184, 185
Neuwiller 40, 78
Neuwiller-1 78, 102–104
Niederterrasse 36, 37, 39, 51, 53, 62, 84, 86, 92, 100–102, 120, 142, 157, 165, 171, 180–182, 185
Nuglar 40, 96, 192, 193

Oberdornach 160, 161
Oberrheingraben s. Rheingraben
Oberrüti 149
Obmert 126
Oligocaen 31, 33, 45, 100, 101, 114, 192, 206
Ölschiefer 21
Ooid 30, 64–66
Oolith 21, 29, 30, 45, 64–66, 80, 81, 127, 131, 133, 140, 142, 143, 146–149, 181, 182, 190, 192, 196, 204
Opalinus-Ton 29, 52, 85, 87, 93, 94, 96, 106, 130, 171, 175, 180, 184, 185, 202, 207–209
Organogene Sedimente 21, 29, 66
Orismühle, Oristal 29, 94, 96, 192, 193, 200
Orogenese 35
Ostrea 33, 115

Oxfordien (Stufe) 18, 28, 29, 31, 33, 46, 47, 79–82, 92, 115, 148, 149, 151, 169, 196, 197, 201
Oxford-Mergel 20, 29, 30, 31, 78, 79, 85, 92–94, 96, 97, 103, 107, 120, 122, 123, 126, 128, 131, 137, 142, 146–149, 154–158, 160, 164, 165, 168, 174, 180, 182, 188, 189, 192, 196, 197, 201, 202

Paläogen 33
Paläogeographie 23
Paläontologie 18
Paläozoikum 23, 84
Pelit 20
Pelzmühletal 33, 60, 61, 155
Perm 23, 24
Permokarbon 23
Pflanzen, fossile 33, 34, 97, 98, 101, 114, 174
Pfeffingen (Ruine) 18, 33, 40, 41, 42, 49, 80, 84, 94, 120–122, 141, 155
Pierre blanche 146, 147
Pisolith 45
Planorbenkalk 31, 33, 157, 207
Plattentektonik 22
Plattform 21
Pleistocaen 35
Pliocaen 34, 35, 120, 136, 160, 168, 209
Porphyr 17, 43, 181, 182
Posidonienschiefer 20, 29
Pratteln 40, 45, 52, 92, 184, 185, 189
Psammit 20
Psephit 20

Quartär 35, 36, 49, 62, 120, 136, 160
Quarz (-Sand) 22, 31, 53, 205
Quelle (-Horizont, -Fassung) 57–62, 92, 100, 102, 107, 115, 131, 154, 155, 164, 185, 192, 197

Radme 126, 127
Radmer 130
Ramstel (-bach) 97, 160, 168
Rand(auf)überschiebung 42, 92, 93, 96, 146, 149, 202
Ränggersmatt 164, 165
Raurachische Fazies 18, 96, 192, 193
Raurachische Senke 31, 115
«Rauracien» 18, 28, 29, 33, 79, 80, 94, 143, 156, 160, 168, 197
Rauracien-Korallenkalk
 s. Korallenkalk
Rebholden (-Verwerfung) 96, 127, 192
Regression (Meeres-) 22, 28, 31, 146
Reinach 38, 40
Remischberg 196, 200
Renggeri-Ton 29, 123, 137, 147–149
Residual (-Produkt) 21, 31, 106, 206
Rhät 24, 28, 182
Rhein (-Tal, -Ufer) 35, 36, 37, 39, 49, 53, 57–60, 62, 64, 100, 180
Rheingraben 22, 31, 35, 37, 39, 40, 41, 49, 64, 78, 81, 84–86, 92, 97, 98, 100–104, 106, 107, 120, 121, 130, 142, 165, 168
Rheinschotter 36, 37, 49, 51, 92, 100, 181, 182
Rheintal-Flexur 18, 25, 31, 39, 40, 41, 62–64, 80–82, 86–90, 92, 97, 102, 120, 121, 154–177
Rheintalgraben s. Rheingraben
Rhynchonella 29, 127, 142, 147, 164, 196
Richenstein 85, 164
Riehen 25, 27, 37, 38, 44, 58, 59, 60, 61, 86
Riff (-Kalk, -Korallen) 18, 22, 106, 115, 149, 157
Riss-Eiszeit 36, 37, 50, 100, 102, 200–202
Rödle (Röter) 154–156

Röt 23, 24, 25
Rotberg 78, 106, 126
Rotengrund 201
Rothus 54
Rotliegendes 23, 24, 85
Rötteln (Burg) 31, 39, 62, 84–90
Rudit 20
Rupélien 22, 31, 33, 39, 45, 49, 64, 78, 84, 87–90, 100–103, 107, 114, 115, 121, 136, 160, 161
Rütihard 35, 37, 84, 175
Rutschgebiet, Rutschungen 84, 101, 120, 130, 171, 180, 182, 197

Sackung 78, 97, 120, 130, 136, 155, 160, 168, 182, 188, 189, 197, 206, 207
Sagenmatt 93, 96
Salinar, Saline 28, 55
Salz (Ausbeute) 21, 22, 23, 24, 27, 50, 54–57, 180, 182
Sand, Sandstein 20, 21, 25, 30, 31, 33, 34, 37, 43, 44, 45, 46, 48, 53, 90, 98, 100, 107, 181, 182, 205
Sannoisien 31, 33, 85, 103, 104, 112–115, 157, 168
Saurier 23, 24, 44
Sauzei-Schichten 29, 190
Sediment 17, 20, 21, 23, 29, 31, 55, 66, 73, 107, 146
Seewen 40, 93, 96, 196, 197
Seismik 23, 41, 103, 168
Septarien-Ton s. Meletta-Schichten
«Séquanien» 29, 33, 79–82, 94, 96, 143, 156
Sequankalk (-mergel) 31, 33, 45, 46, 47, 51, 66, 79–82, 85, 92, 93, 97, 103, 104, 106–108, 112, 115, 120, 126, 130, 131, 142, 149, 155–157, 168, 197, 201, 206, 207

Register

Siderolithikum 31, 52, 113, 197, 206
Sierentz (Graben) 39, 41, 102, 103
Silt 20
Sinterkalk 21
Sodbrunnen 57, 59
Sole-Produktion 57, 92, 182
Solothurner Kalk 45, 49
Sowerbyi-Schichten 29, 180
Sulfatzone 24, 56
Sulzchopf 45, 92, 94, 170
Sundgau (-Schotter) 35, 41, 49, 79, 103
Süsswasserkalk 21, 31, 33, 34, 49, 50, 103, 157, 206, 207, 209
Synklinale s. Mulde

Schachlete 79, 81, 82
Schänzli St. Jakob 29, 40, 41, 62–66, 81, 82, 85, 86, 175
Schartenflue 84, 85, 92, 98, 160, 168, 169, 171, 189
Schauenburg Bad 188–190
Schauenburg (-Graben) 92, 171, 182, 185, 188, 189
Schauenburgflue 189
Schelf 21
Schichtung 21
Schilfsandstein 24, 27, 28, 44, 174, 175
Schlamm 20, 23, 157
Schlossgraben (-Störung) 80, 154–156
Schneematt 201, 202
Scholle 39, 56, 92, 97, 184
Schönegg 209
Schönenbuch 40, 103, 104
Schönmatt 41, 42, 84, 86, 92, 164, 170, 171, 188
Schotter 21, 23, 35, 36, 39, 41, 49, 52, 53, 60–62, 84, 100, 101

Schrägschichtung
  s. Diagonalschichtung
Schwarzer Jura s. Lias
Schweidmech 97, 160, 161
Schweizerhalle 28, 44, 54–56, 180, 182

Staffelbruch 157, 188
Standardlegende 72, 73
Stapflen 33, 115
Stein (Korngrösse) 20
Steinsalz s. Salz
Stelli (-Störung) 31, 128, 136, 137
Sternenberg (Büren) 94, 196
St. Jakob s. Schänzli
Stratigraphie (Profile) 18, 23, 72, 73, 123, 127, 131, 133, 136, 143, 146–149, 190, 196

Tafeljura 20, 37, 39, 40, 41, 55, 64, 80, 84, 85, 92–94, 121, 142, 154–171, 180–211
Tal (Aesch) 120
Talacher 96, 127, 192
Talk 22
Tannenwald 106
TCS-Rastplatz 79
Tektonik 22, 39, 40, 56, 102, 117, 149, 160, 171, 174, 196, 197
Tenniker Flue (Muschelagglomerat) 35, 49, 206, 208–211
Terrain à chailles 29, 30, 92, 126, 147–149, 151, 157, 158, 168
Terrestrisch 20, 23, 28
Tertiär 31, 35, 39, 45, 46, 48, 49, 56, 62, 64, 103, 164, 201
Tiefsee (Sediment) 20, 21, 23
Toarcien 20, 29

Ton, Tonstein 20, 21, 23, 24, 33, 64, 100, 146–149, 205, 207
Torf 21
Transgression 22, 23, 28, 49, 90, 101, 114, 120, 160, 161, 206, 208, 209, 211
Transversalverschiebung 22, 106
Trias 23, 24, 25, 27, 39, 45, 56, 61
Trigonodus-Dolomit 24, 27, 44, 56, 86, 87, 175, 180
Trümmergestein 20, 21
Tschamber-Höhle 28
Tschäpperli, Tschöpperli 120, 122
Tuff s. Kalktuff
Tüfleten (Ober-) 157
Tüllinger Schichten 31, 34, 39, 49, 50, 84–87, 101, 168
Turbidity current 21

Übergangsschichten 31, 93, 96, 188, 192, 196, 197, 201
Unterer Dogger s. Dogger
Unterwart 27, 28
Usserfeld (Blauen) 136
Usserfeld (Nenzlingen) 142

Varians-Schichten 28, 29, 65, 88–90, 103, 106, 123, 127, 133, 142, 146–148, 154, 156, 185, 192, 196, 208
Variscisches Gebirge 23, 84
Verena Oolith 29
Versickerung 92, 115, 131, 154, 157
Verwerfung 22, 39, 41, 79, 92–94, 96, 127, 143, 147, 154, 155, 157, 160, 168, 171, 174, 180, 182, 188, 189, 192, 193, 196, 197, 200, 201, 204, 206, 207

Verwitterung 17, 20, 23, 31, 33, 35, 102, 116, 169, 205
Verwitterungsschutt, periglazialer 52, 126
Vogesenschotter 35
Vorbergzone 84
Vorbourg-Kalke 29, 80

Wacken 49
Waldeck 106
Wallental (-Störung) 130, 131, 137
Wanderblock-Formation 34, 35, 94, 120, 157, 168, 200–202
Warmbach 44, 46
Wartenberg 28, 45, 55, 56, 84, 86, 92, 180, 182
Wasserschöpfi 204–207
Wasserturm 60, 61, 84
Wasserversorgung 57–62, 86
Wehratal-Zeininger Verwerfung 39
Weiherfeld 44
Weisser Jura s. Malm
Weitenauer Vorberge 39
Wellengebirge 24, 25, 56, 85, 180
Wiese (-Schotter, -Tal) 37, 38, 39, 44, 50, 61, 86
Witterswil (Berg) 33, 40, 49, 52, 112–115
Wölflinswil 27, 42
Woll 97, 160
Wolschwiller Graben 39, 41, 78, 102–104, 106
Würm-Eiszeit 36, 37, 84, 100, 102

Ziegelschüren 93, 155
Zinggibrunn 28, 55–57, 92, 182
Zunftacher 184
Zwischeneiszeit 35, 36
Zyklus 146–149

Glossar
(Erläuterung geologischer Begriffe)

Abrasion	Abschleifende und abtragende Wirkung der Meeresbrandung; u.a. Bildung von Küstengeröllen, von Einebnungsflächen usw.
Absonderung	Zerlegung von Gesteinsmassen von unterschiedlicher Zusammensetzung durch äussere Vorgänge; Erzeugung von Gesteinsgefügen (Bankung, Schichtung).
abyssal	Meeresbereich der Tiefsee (über 900 m Wassertiefe).
Akkumulation	Anhäufung bzw. Ablagerung von Sedimenten (z.B. Schotter, Schlamm).
Aktualismus	Grundsatz bzw. Annahme, dass geologische Vorgänge früherer Erdperioden mit den heutigen gleichartig verlaufen sind (Aktualitätsprinzip).
allochthon	Ortsfremd, bodenfremd; ursprünglich an anderer Stelle entstanden.
alluvial	Durch fliessende Gewässer zusammengeschwemmt und abgelagert (Alluvionen=Talaufschüttung); Alluvium=Holocaen, Postglazialzeit.
alpidisch	Gebirgsbildungsphasen des Mesozoikum und des Tertiär (Alpen, Apennin, Karpaten, Jura usw.).
alpin	Die Alpen, ihren Gebirgsbau usw. betreffend.
Ammoniten	Ammonshörner, marin; frei schwimmende (Rückstossprinzip!), mit zweiseitig symmetrischem Gehäuse fossile Kopffüsser (Cephalopoden); äusserst artenreich (über 1500 Gattungen), wichtigste Leitfossilien im Mesozoikum.
Anhydrit	Mineral- und Gesteinsname für Kalziumsulfat $CaSO_4$ (wasserfreier Gips).
Anstehendes	Zutage tretender, nicht verschleppter Gesteinsuntergrund.
Antezedenz	Während einer Gebirgshebung kontinuierlich einschneidende Quertal-Bildung durch Flusserosion.
Antiklinale	Gebirgsfalte, Gewölbe, nach oben gewölbte Schichten.
antithetisch	Gegensinnig einfallend (Schichtpakete).
a. Schollentreppe	Längs Verwerfungen abgesunkene und gegensinnig gekippte Schichtblöcke.
äolisch	Durch den Wind bedingt.
Aquifer	Poröser oder klüftiger Grundwasserspeicher.
Arenit	Klastisches Karbonatsediment der 0,06–2-mm-Kornfraktion.
Arkose	Quarz und Feldspat enthaltender Sandstein.
Aufschluss	Zutagetreten von anderswo durch Boden oder Bewuchs verdeckter Gesteinsschicht-Teil.
autochthon	Bodenständig, an Ort und Stelle gebildet, stehend.
Balme	Durch Verwitterung entstandene Nische unter überhängender Felswand (=Abri).
Bankung	Durch lithologisch unterschiedliche Schichten verursachte dickplattige Absonderung zu cm- bis dm-dicken Lagen.
bathyal	Meeresbereich von 200 bis 900 m Tiefe.
Bioherm	Stockartig gewachsenes Riff.

Glossar

bioklastisch	Aus Schalenresten aufgebaut.
Biostratigraphie	Geologische Zeit- und Altersbestimmung mittels Fossilien.
Biostrom	Langgestrecktes, lagerartiges Riff.
Blöcke	Grössere Gesteinstrümmer, Durchmesser über 20 cm.
Bohnerz	Runde bis etwa erbsengrosse, vielfach schalige Limonit-Konkretionen (ca. 44% Fe), aus Verwitterungslösungen entstanden und meist mit Bolus-Ton und Hupper in Erosionstaschen zusammengeschwemmt.
Bonebed	Zusammengeschwemmtes Lager von Knochenresten.
Brachiopoden	Armfüsser, meist mit einem Stiel am Boden angeheftete, zweischalige Meeresbewohner; fossil äusserst artenreich, Leitfossilien u.a. im Palaeozoikum.
brackisch	Mischungsbereich von Salz- und Süsswasser.
Brekzie	Primär oder tektonisch entstandenes, verfestigtes Trümmergestein, aus eckig-kantigen Komponenten bestehend.
Bruch	Verschiebung (Zerbrechen) von Gesteinsschollen längs einer Fuge (=Sprung, Abschiebung, Verwerfung).
Cephalopoden	Kopffüsser, z.B. Ammoniten, Belemniten; Meerestiere, heute nur noch durch eine Gattung (Nautilus) vertreten.
Coelenteraten	Hohltiere, marin, z.B. Korallen, Schwämme.
Combe	Durch Erosion weicher Schichten entstandenes Längstal (im Faltenjura).
Crinoiden	Marine, meist festgewachsene Seelilien, aus unzähligen Kalktäfelchen aufgebaut.
Deklination	Magnetische Abweichung von der geographischen Nordrichtung. Betrug 1977 für Basel 2° 50′ W, nimmt jährlich etwa 5′ ab.
Deltaschichtung	Oft unregelmässige Schrägschichtung von Schotter- und Sandlagen, am Vorderrand eines Flussdeltas entstanden (s. Diagonalschichtung).
Dendriten	Auf Schicht- und Kluftflächen vorkommende Pseudoversteinerungen von bäumchenförmigen Fe- und Mn-Mineralabsätzen.
Denudation	Abtragung durch Verwitterung auf dem Lande.
Diagenese	Gesteinsbildung, Umbildung und Erhärtung von weichen oder lockeren Sedimenten durch Druck, Temperatur, Wasserauspressung, chemische Prozesse usw.
Diagonalschichtung	Schrägschichtung (oft unzutreffend Kreuzschichtung genannt) entsteht in Deltas, Dünen und an Meeresstränden, täuscht dann später oft wahres Einfallen von Gesteinsschichten vor.
Disharmonische Faltung	Unterschiedliche Verformung der Schichten bei der Gebirgsbildung, bedingt durch sich abwechselnde kompetente und inkompetente Gesteinslagen.
Diskordanz	Winkelkontakt zwischen hangenden und liegenden Schichten, z.B. Überlagerung von schräggestellten älteren Formationen durch jüngere, horizontal gelagerte Schichten.
Doline	Durch unterirdische Auslaugung des Gesteins (z.B. Gips, Kalk) bedingter Einsturztrichter oder Senke (Polje).
Dolomit	Mineral bzw. Gestein aus Kalzium-Magnesium-Karbonat $CaMg(Co_3)_2$.
Echinodermen	Stachelhäuter (Seeigel, Seelilien, Seesterne), marin, seit dem Kambrium.
Einfallen	Neigungswinkel einer Schicht, Kluft usw. gegenüber der Horizontalen.
endogen	Innenbürtig, aus dem Erdinnern hervorkommend bzw. entstehend.
epigenetisch	Später entstanden, z.B. Einschneiden eines Durchbruchtales in ältere Schichten.

Epirogenese	Langsame, grossflächige Hebungen und Senkungen der Erdkruste.
Erosion	Vorwiegend durch fliessendes Wasser verursachte Abtragung bzw. Ausschwemmung.
Erratiker	Durch Gletscher oder Eisschollen transportierter, ortsfremder Felsblock (Findling).
Erstarrungsgestein	Durch Abkühlung aus Magma in der Tiefe (z.B. Granit), in Gängen (z.B. Porphyr) oder vulkanisch (z.B. Basalt) entstanden.
eustatisch	Z.B. grossräumige oder weltweite Meeresspiegelschwankung.
euxinisch	Sauerstoffarme, deshalb lebensfeindliche Meeres- und Seengebiete; Faulschlammbildung (=Sapropel, Erdölmuttergestein).
Evaporit	Durch Verdunstung entstandenes Sediment (Anhydrit, Salz usw.).
exogen	Aussenbürtig, von aussen (auf die Erdoberfläche) einwirkend.
Fallen	Neigungswinkel einer Schichtfläche mit Bezug auf eine Horizontalebene.
Falte	Biegung, Verkrümmung von Gesteinsverbänden.
Fazies	Erscheinungsform; den ursprünglichen Ablagerungs-Milieus und Bedingungen entsprechende Gesteinsbeschaffenheit (Lithofazies), mit charakterisierendem Fossilinhalt (Biofazies); durch Amanz Gressly um 1835–1840 erkannte und erarbeitete Beziehung.
Feldspat	Weisslich, grünlich oder rötliches, gesteinsbildendes Silikat (z.B. im Granit).
Flexur	Gestreckt S-förmige Schichtenverbiegung (z.B. Rheintal-Flexur).
Flurabstand	Der von der Terrainoberfläche bis zum Grundwasserspiegel lotrechte Abstand.
fluviatil	Von fliessendem Wasser bearbeitet oder abgelagert.
Foraminiferen	Marine, gekammerte, Schalen bildende, einzellige Mikroorganismen (Protozoen), vorwiegend 0,1 bis 5 mm gross (Ausnahme: Grossforaminiferen).
Formation	Petrographisch oder stratigraphisch festgelegter Gesteinsverband; kartierbare Einheit.
Fossil	Versteinerung, Überrest von Pflanzen und Tieren, auch Tierfährten; versteinert (bisher ältestes Fossil: ca. 3,8 Mia. Jahre alt).
Gastropoden	Schnecken; Land-, Süsswasser- oder Meeresbewohner, mit spiraligem Gehäuse.
Geode	Runde, verhärtete Konkretion.
Geognosie	Altertümliche Bezeichnung für Geologie.
Geologie	Seit 1779 durch H.B. de Saussure eingeführter Begriff für die Lehre vom Bau und von der Entstehung der Erdkruste, den Gesteinen und dem Fossilinhalt.
Geomorphologie	Lehre von den physischen Vorgängen, Veränderungen, den Formen der Erdoberfläche und deren Entstehung; Teilgebiet der physischen Geographie.
geothermische Tiefenstufe	Tiefe in Meter, um die in der Erde die Temperatur um 1 °C zunimmt (Durchschnittswert: 33 m).
Geröll	Durch Wasser transportiertes, gerundetes und abgelagertes Gesteinsstück.
Gestein	Gemenge bzw. natürliche Bildung aus Mineralien, Gesteinsbruchstücken, Fossilien usw.
Gips	Mineral- und Gesteinsname für wasserhaltiges Kalziumsulfat ($CaSO_4 \cdot 2\ H_2O$).
Glaukonit	Grünes, körniges Mineral von wasserhaltigem Kali-Eisenoxyd-Silikat mariner Entstehung.
glazial	Eiszeitlich.
Glimmer	Blättchenartiges, gut spaltbares Silikat (Biotit).
Gneis	Metamorphes, deutlich geschiefertes Gestein aus Feldspat, Quarz, Glimmer u.a. Gemengteilen.

Graben	Durch Zugspannung in der Erdrinde längs Verwerfungen eingesunkener Streifen oder Scholle (z.B. Rheingraben).
Granit	Aus Feldspat, Quarz und Glimmer bestehendes kristallines Gestein.
Grauwacke	Graugrünlicher Sandstein, bestehend aus Quarzsand, Feldspatkörnern, Glimmer u.a. Gesteins-Bruchstücken.
Grundwasser	Wasser, das Hohlräume der Gesteinsformationen zusammenhängend ausfüllt und nur der Schwere (hydrostatischer Druck) unterliegt.
Grus	Grobes bis feines Verwitterungssediment.
Habitat	Wohngebiet, Standort z.B. einer Tierart; Bezugsgebiet.
Habitus	Gestalt, Erscheinungsbild; Flächenausbildung z.B. von Kristallen.
Hämatit	Roteisenerz Fe_2O_3.
Handstück	Etwa handgrosse (mit dem Geologenhammer) bearbeitete Gesteinsprobe.
Hangendes	Das eine bestimmte Schicht überlagernde Gestein.
Hardground	Verhärtungsfläche; während eines Sedimentationsunterbruches verhärtete, oft von Fossilien besetzte oder angebohrte Schichtoberfläche.
Hiatus	Schichtlücke (zeitliche Unterbrechung der Ablagerungsfolge).
Hornstein	Knollige, meist konkretionäe Kieselausscheidung (SiO_2), hart, splittrig.
Horst	Hochscholle, z.B. zwischen zwei Gräben stehengebliebener Block.
Huppererde	Heller, leicht toniger, feiner Quarzsand (Formsand). Verwitterungsprodukt der Kreide-Eocaen-Zeit.
Hydrogeologie	Lager- und Speicherstättenkunde des Grundwassers.
Inkompetent	Leicht verformbar; bezogen auf Gesteine wie Ton, Mergel, Gips, Salz usw.
Interglazial	Zwischeneiszeit(-lich), mit Gletscherrückzug durch wärmeres Klima bedingt.
Isostasie	Schweregleichgewichts-Ausgleichbewegungen von Erdkrustenteilen.
Kalkspat	Calcit (Kalzit) $CaCO_3$, oft als pseudohexagonaler Kristall; Gestein: Kalk, Marmor, Sinter.
Karbonat	Salz der Kohlensäure, z.B. Kalk, Dolomit.
Karst	Durch starke Korrosion (chemische Auflösung) zerfurchtes Kalkgebiet, meist ohne Verwitterungsdecke, Bildung von Karren oder Schratten, durch unterirdische Auslaugung oft mit Höhlenbildung und Einstürzen (Dolinen, Poljen).
Karstwasser	In Karstgebieten unterirdisch zirkulierendes Wasser.
kartieren	Geländeuntersuchung und Aufnahme geologischer Daten auf topographischer Karte.
Kies	Klastisches Lockergestein, Schotter; Korngrösse der Gerölle: 0,2 bis 6 cm.
klastisch	Bezeichnung für Trümmergestein.
Kluft	Spalte, mehr oder weniger offene Gesteinsfuge.
Kompaktion	Zusammenpressung, Volumenverkleinerung, verbunden mit Setzung bei der Gesteinsbildung.
kompetent	Hart, spröde, widerstandsfähig; Gesteine wie Kalk, Sandstein usw.
Konglomerat	S. Nagelfluh.
Konkordanz	Ungestörte, parallele Übereinanderlagerung von Gesteinsschichten.
Konkretion	Unregelmässig geformte, aus zirkulierenden Lösungen entstandene Knollen (Geoden, Septarien, Lösskindel), meist aus Kalk oder Kiesel (Achat).

Korallenriff	Gesteinsformation, aus den Kalkskeletten von Korallen aufgebaut (Entstehung nur im warmen, klaren, untiefen Meereswasser).
kristallin	Aus Kristallen (= chemisch homogene, geometrisch regelmässige Körper) geformte Gesteine, z.B. Granit.
kristalline Schiefer	Metamorphe, durch Druck, Temperatur umgewandelte Gesteine, z.B. Gneis.
lagunär	Vom offenen Meer teilweise abgetrennt.
lakustrisch	Limnisch, im Süsswasser lebend, vorhanden oder abgelagert.
Lamellibranchier	Zweischalige, wirbellose, im Meerwasser lebende Muscheln.
Lateralverschiebung	Gegenseitige horizontale (seitliche) Bewegung zweier Schollen längs einer Verschiebungsfläche (links- oder rechtslateral).
Lehm	Meist gelbbrauner, verwitterter, kalkarmer, feinsandiger Ton (Bodenart).
Leitfossil	Versteinerung von ursprünglich kurzlebiger Art mit möglichst grosser horizontaler Verbreitung und damit für eine Gesteinsschicht altersbestimmend.
Letten	Meist grauer bis gelber, oft feinsandiger und kalkhaltiger Ton.
Liegendes	Das unter einer bestimmten Schicht liegende Gestein.
limnisch	S. lakustrisch.
Lithologie	Gesteinskunde; Gesteinsbeschaffenheit, umfasst Zusammensetzung, Ausbildung, Gefüge usw. des betreffenden Gesteins.
litoral	Mit Bezug auf die Küste.
Löss	Vorwiegend gelbbraunes, poröses, kalkreiches, feinkörniges Staubsediment der Glazialzeit (Korndurchmesser: 0,01 bis 0,05 mm).
Lumachelle	Im wesentlichen aus Muschelschalen bestehendes, verfestigtes, z.T. sehr poröses Gestein (Schillkalk).
Lutit	Karbonatisches Feinsediment.
Magma	Glutflüssige und gashaltige Gesteinsmasse (Silikatschmelze) der Tiefe, aus der beim Aufstieg und Eindringen in die Erdrinde durch Abkühlung und Erstarrung Tiefengesteine (z.B. Granit), Ganggesteine (z.B. Porphyr) oder Mischgesteine und oberflächliche Ergussgesteine (z.B. Basalt) entstehen.
marin	Auf das Meer bezogen.
Marmor	Kristallisierter Kalk.
Mergel	Toniger Kalk (Tonmergel), kalkiger Ton (Kalkmergel).
Metamorphose	Mineralogische und strukturelle Gesteinsumwandlung durch Druck und Temperatur in der Tiefe.
Mineralogie	Lehre von den Mineralien (= natürliche, stofflich einheitliche Bestandteile der Erdrinde), ihrer Entstehung, ihrer Eigenschaften und Vorkommen.
Molasse	Tertiäre Sandsteine, Konglomerate und Mergel; in den Vortiefen und Innensenken von Orogenen sedimentierter Abtragungsschutt.
Mollusken	Weichtiere (Tierstamm), umfasst Schnecken, Muscheln und Kopffüsser.
Monoklinale	Mit konstanter Neigung einfallender Schichtverband.
Mumien	Gerundete Komponenten in Kalken, wie Algenknollen.
Nagelfluh	Diagenetisch verfestigte (zementierte) Schotter; Konglomerat.
Nautilus	Rezenter Vertreter der Nautiliden, Unterklasse der Kopffüsser (Cephalopoden).
neritisch	Mit Bezug auf das Flachmeer (0 bis 200 m Tiefe).
Onkoid	Algenknolle (verkalkt).

Oolith	Aus kleinen, konzentrisch-schaligen Kalkkügelchen (Ooiden) zusammengesetztes Gestein (z.B. Hauptrogenstein, Rauracien-Oolith).		Quarz	Mineral SiO_2 (Gestein: Quarzit) weltweit verbreitet als Sand vorkommend.
Orogen, -ese	Gebirgseinheit, Gebirgsbildung.		Quellhorizont	Austrittsniveau von Grundwasser, bedingt durch liegende, undurchlässige Gesteinsschicht.
Palaeogeographie	Beschreibung des geographisch-morphologischen Zustandes von Gebieten während geologischen Zeitabschnitten.		Rauhwacke	Zellig-poröser Dolomit oder Kalk.
			Regression	Zurückweichen des Meeres, z.B. als Folge von Hebung des Landes.
Palaeontologie	Versteinerungskunde, Lehre von den fossilen Pflanzen (Palaeobotanik) und Tieren.		Reliefumkehr	Durch unterschiedliche Gesteinshärten gegenüber der Verwitterung bedingte Umkehr des morphologischen Bildes mit Bezug auf den tektonischen Bau.
pelagisch	Küstenferner Meeresbereich.			
Pelit	Feinklastisches Sediment.		Relikt	Überbleibsel, Rest früherer Ablagerung, Fossilien u.a.
Peneplain	Fastebene, durch langdauernde Verwitterung und Abtragung entstandene Rumpfebene.		Residualbildung	Unlöslicher Rückstand aus der Verwitterung.
			rezent	Geologisch neuzeitlich, gegenwärtig; lebend.
Petrefakt	Fossil.		rheinisches Streichen	NNE–SSW orientierte Richtung (Fliessrichtung des Rheins zwischen Basel und Mainz).
Petrographie	Gesteinskunde, Lehre von der Zusammensetzung, Vorkommen und Bildung der Gesteine.			
			rhythmische Sedimentation	Schichtserie mit mehrfach wiederholter, gleicher Aufeinanderfolge von Sedimentlagen (abc—abc—).
Pisolith	Erbsenstein, kugelig-konzentrisches, groboolithisches Gestein, meist aus Kalk.			
			Riff	Untermeerischer Kalkaufbau von kolonienbildenden Korallen, Schwämmen, Algen usw.
Plattentektonik	Bau und Umformung der Erdkruste, Entstehung von Gebirgsketten usw. durch weltweite Verschiebungen der Mega-Gesteinsplatten (Kontinentalverschiebung).			
			Rogenstein	Oolithischer (Fischrogen ähnlich!) Kalksandstein, z.B. Hauptrogenstein.
Pluton	Grosser, magmatischer Körper (z.B. in der Tiefe erstarrter Batholith).		Rudit	Grobklastisches Karbonatsediment.
			Rutschstreifen	Die auf Gesteinsgrenzflächen durch tektonische oder Gravitations-Bewegungen entstandene Gleitstriemung, Streifen, Rillen (Rutschharnisch, Rutschspiegel).
polygen	Mehrfaltig, verschiedenartig.			
Profil	Senkrechter Schnitt durch einen Teil der Erdrinde (geologisches Profil) oder einer Schichtfolge (stratigraphisches Profil bzw. Kolonne) in einem bestimmten Darstellungsmassstab.			
			Sand	Klastisches (körniges) Lockergestein mit Korngrössen von 0,02 (bzw. 0,06) bis 2 mm.
Psammit	Mittelklastisches Sediment.		Schelf	Flachmeer, 0 bis 200 m Wassertiefe.
Psephit	Grobklastisches Sediment.		Schichtkopf	Austritt (Anstehen) von Schichten an der Erdoberfläche.
Pyrit	Kubisch, goldgelb-glänzender Schwefelkies (FeS_2).			

Schiefer	Dünnplattiges Gestein. Kristalline Schiefer: Metamorphes Gestein.
Schotter	Kies, Geröll. Durch Gewässer geformte (abgerundete) und abgelagerte Gesteinsbruchstücke.
Schrägschichtung	Diagonalschichtung. Durch bewegtes Wasser (z.B. Flussdelta) oder Wind (z.B. Düne) schräg zur Unterlage abgelagertes Sediment.
Sediment	Die vorwiegend nach Abtragung von Gesteinsmaterial durch Ablagerung oder durch chemisch/biogene Vorgänge entstandenen Locker- und Festgesteine (Absatzgesteine).
Septarie	In Mergeltonen durch Ausscheidung entstandene Konkretion, oft mit Radialrissen oder Septen (Septarien-Ton).
Silex	Feuerstein, Flint, Hornstein. Aus Kieselsäure-Gel (SiO_2) bestehend, meist knolliges, sehr hartes Gestein.
Silt (Schluff)	Sediment der feinen Kornfraktion (Korndurchmesser 0,02 bzw. 0,06 bis 0,002 mm).
Sinter	Kalktuff, Travertin. Kalkausscheidung an Quellaustritten.
Solifluktion	Kriechende Hangabwärts-Bewegung von lehmigen Schichten (Bodenfliessen) oder Schuttmassen (Blockströme), vorwiegend bei Frostböden.
Stratigraphie	Historische Geologie, Formationskunde, Lehre der Zusammensetzung, Gliederung, Verbreitung und zeitlichen Abfolge der Gesteinsschichten aufgrund des Fossilinhalts (Biostratigraphie) oder Sedimentinhalts (Lithostratigraphie).
Streichen	Schnittlinie zwischen einer Schichtfläche und der Horizontalen; mit Bezug auf die (mit dem Geologenkompass gemessene) Nordrichtung.
Struktur	Anordnung der Gemengteile, Feingefüge des Gesteins (z.B. körnige Struktur). Allgemeiner Begriff für tektonische Grossform (Antiklinale, Bruchzone usw.).
Stufe	Stratigraphisch definierter Zeitabschnitt, meist auf Leitfossilien basierend. Schichtstufe: Durch Härteunterschied der Gesteinsschichten entstandene Geländekante. Kristallstufe: Zu einer Gruppe zusammengewachsene Einzelkristalle.
Stylolith	Durch Druck und Lösung entstandene verzahnte Sutur in Kalksteinen.
Synklinale	Geologische Mulde, durch Faltung entstanden.
Tafel	Horizontale Schichtlager (Tafeljura).
Tektonik	Lehre vom Bau der Erdkruste, der Gebirgsbildung und deren Kräfte.
terrestrisch	Ablagerungen, Vorgänge u.a. des Landes.
terrigen	Vom Festland herstammend.
Ton	Feinstes klastisches Sediment mit Korndurchmesser kleiner als 0,002 mm.
Transgression	Schrittweise Meeresüberflutung auf (meist erodierte) Landgebiete, führt zu diskordanter Auflagerung der dabei abgesetzten Sedimente.
Tuff	Sediment vulkanischer Herkunft; Sinterabsatz aus kalkhaltigem Quellwasser.
Überschiebung	Tektonisch verursachte Übereinanderbewegung eines Gesteinskomplexes über einen anderen.
variscisch	Weitverbreitete europäische Gebirgsbildung des späteren Palaeozoikum (Schwarzwald, Vogesen, Harz, auch «Alpen»).
Vergenz	Kipprichtung schrägliegender Falten.
Verwerfung	Bruch, Sprung, Abschiebung. Bewegung einer Gesteinsscholle längs einer Fläche mit Bezug auf eine andere Scholle.
Verwerfungslinie	Schnitt der Verwerfungsfläche mit der Erdoberfläche.

Verwitterung	Die das Gestein zerkleinernde Tätigkeit exogener Kräfte und Prozesse.	**z**yklische Sedimentation	Schichtserie mit mehrfach wiederholter vor- und rückläufiger Aufeinanderfolge von Sedimentlagen (abcba–abcba–); oft auch für rhythmische Sedimentation verwendet.
Wanderblock-Formation	Wahrscheinlich pliocaene Formation meist lehmiger Geröllablagerung, vorwiegend Quarzite und Buntsandstein (Relikte einer ehemaligen Schotterbedeckung oder ? Moränen).		

Verzeichnis der Abbildungen

(* = Farbfoto)

Einband	Blockdiagramm der Blauen- und Landskronkette	
Vorsatz	Tektonische Karte des Blauengebietes	

1* Blauenkette von Osten gesehen 19
2 Ablagerungsmilieus der Sedimente 21
3* Frick, Plateosaurus-Knochen 24
4* Frick, Plateosaurus-Fuss, Gipsabguss 24
5 Stratigraphische Kolonne, Trias 24
6* Inzlingen, Oberer Buntsandstein (Röt) 25
7* Maienbüel, Unteres Wellengebirge 25
8* Riehen, Plattenkalk 26
9* Grenzacher Hörnli, Trigonodus-Dolomit 26
10* Bänkerjoch, Gipskeuper 26
11* Rheinfelden, Doline 27
12* Neuewelt, Bunte Keupermergel 27
13* Neuewelt, Schilfsandstein mit Kohle 28
14 Stratigraphische Kolonne, Jura 29
15* Grellingen, diagonalschichtiger Hauptrogenstein 30
16* Chastelbach, Terrain à chailles (Oxfordien) 30
17* Pelzmühletal, Riffkorallenkalk 32
18* Hochwald, Mumienkalk 32
19* Schachlete Laufen, Karst im Sequankalk 32
20 Alttertiär am S Rheingrabenrand 33
21* Dornachbrugg, Elsässer Molasse 34
22* Birs bei Münchenstein, Tüllinger Schichten 34
23* Chastelhöhe, «Wanderblöcke» (Denkmal) 34
24 Basel, Schotterterrassen (Schema) 35
25* Neumünchenstein, Birs-Hochterrasse 36
26* Muttenz, Rheinschotter der Niederterrasse 36

27* Ettingen, Löss und alter Bachschutt 37
28* Reinach, Auelehm und Birsschotter 38
29* Riehen, Rhein- und Wieseschotter 38
30* Riehen, Baumstamm aus der Nacheiszeit 38
31 Tektonische Kartenskizze S Basel 40
32* Wölflinswil, Ostrand des Grabens 42
33* St. Alban-Tor, Sandstein-Quader 46
34* Basler Münster, Buntsandstein 46
35* Ettingen, Mumienkalk-Brunnen 46
36* Bärschwil, A. Gressly-Brunnen 47
37* Basel Münsterplatz, Pisoni-Brunnen 47
38* Basel Standesamt, Nerineen-Kalk 48
39* Basler Münster, Tertiär- und Buntsandstein 48
40* St. Alban, Tüllingerkalk und Buntsandstein 50
41* Neumünchenstein, Nagelfluh der Hochterrasse 50
42* Blauengebiet, «Nagelkalk» 51
43* Schweizerhalle, Steinsalz-Kerne 55
44 Profil Salzfeld Zinggibrunn 56
45 Basels Wasserwerke (1880) 58
46* Lange Erlen, Grundwasserfassung 59
47 Basel, Trinkwasserversorgung 61
48* Schänzli, Rheintal-Flexur 63
49* Schänzli, Geologisches Denkmal 63
50 Schänzli, Profil der Kaverne 64
51 Profil des Hauptrogensteins 65
52 Chall, Profil der Blauen-Antiklinale 79
53 Forstberg, Malm-Profil 80
54 Schachlete Laufen, Sequankalk-Profil 81
55* Schachlete Laufen, Sequankalk (Steinbruch) 82
56* Ruine Münchenstein, Korallenkalk 82

57 Basel, Rheintal-Flexurzone (Querprofile) 85
58* Grenzacher Hörnli, Rheintal-Flexur 87
59 Rötteln-Lörrach, Situationsskizze 87
60 Burg Rötteln, Kartenskizze 88
61 Burg Rötteln, Profil der Nordseite 89
62* Rötteln, Movelier-Schichten 90
63* Rötteln, «Meeressand» 90
64* Sulzchopf, Verwerfung im Dogger 94
65 Tafeljura, Querprofil 94
66* Hochwald, Rauracien-Korallenkalk 95
67 Seewen, Profil durch die Randaufschiebung 96
68* Dornachbrugg, Elsässer Molasse 97
69 Tongrube Allschwil, Querprofil 100
70* Tongrube Allschwil, Septarien-Ton 101
71* Tongrube Allschwil, Jüngerer Deckenschotter, Löss 101
72 Basel, Situation der Tiefbohrungen 102
73 Basel, Korrelation der Tiefbohrungen 103
74* Leymen, Malmkalk-Steinbruch 108
75* Landskron, Rauracien-Korallenkalk 108
76 Landskron-Kette, Querprofile 109
77 Witterswiler Berg, Querprofile 112
78* Witterswiler Berg, Bolus-Ton mit Bohnerz 113
79* Witterswiler Berg, Küstenkonglomerat (Sannoisien?) 113
80 Witterswiler Berg, Schichtenfolge (Früh-Tertiär) 114
81* Steinbruch Grundmatt, Karstschlot 116
82 S Ettingen, tektonische Skizze 117
83* Pfeffingen, «Meeressand»-Konglomerat 121
84* Ruine Pfeffingen, Malmkalk-N-Schenkel 121

85 E Blauen-Antiklinale, Querprofile 122	109* Liesberg, Terrain à chailles 151	130* Humphriesi-Schichten, Ctenostreon (Muschel) 189
86 Tschäpperli-Chlus, Querprofile 122	110* Angenstein, Birs-Hochterrasse 154	131 Christen, Unter-Dogger-Profil 190
87 Bielgrabengebiet, Oberer Dogger-Profil 123	111 E-Ende Blauen-Antiklinale, Querprofile 155	132* Orismühle, Blagdeni-Schichten 193
88 W Blauen-Antiklinale, Querprofile 126	112 Pfeffingen-Duggingen, Querprofile beidseits der Birs 156	133* Steinbruch Lusenberg, Hauptrogenstein 193
89 Radme/Rebholden, Profil Ferrugineus-Oolith 127	113* Chastelbach Grellingen, Oxford-Mergel 158	134* Abtsholz, Verwerfung im Malmkalk 193
90* Macrocephalites (Ammonit) 128	114* Schweidmech-Dornach, alter Bachschutt 161	135 Remischberg/Büren, Profile Oberer Dogger 196
91* Dittinger Bergmatten, Dalle nacrée 128	115* Dornachberg, «Meeressand»-Transgression 161	136* Effinger Schichten, Perisphinctes (Ammonit) 197
92 Chälengraben, Querprofile 130	116* Arlesheim, Schloss Birseck, Malmkalk 164	137* Lupsingen, Riss-Grundmoräne 200
93 Wallental, Kartenskizze 131	117 Birstal, Querprofil Rheingraben–Flexur–Tafeljura 168	138* Lupsingen, Effinger Schichten 201
94* Esselgraben, Homomyen-Mergel, Hauptrogenstein 132	118* Schartenflue, Bruchscholle 169	139 Schneematt/Lupsingen, Randaufschiebung 202
95 Chälengraben, Dogger-Profil 133	119* Münchenstein, Hauptrogenstein der Flexur 169	140* Lausen, Steinbruch, Hauptrogenstein 204
96 Chleiblauen, «Meeressand»-Profil 136	120 Schönmatt-Sulzchopf, Tektonische Kartenskizze 170	141* Wasserschöpfi, Huppergrube 205
97 Fürstenstein-Amselfels, Querprofile 137	121 Neuewelt, Geologische Skizze 174	142* Wasserschöpfi, Hupper und Bolus 205
98* Grellingen, Oberer Hauptrogenstein 140	122* Birs/Hofmatt, Hauptrogenstein der Flexur 176	143* Wasserschöpfi, Gompholithe de Daubrée 205
99* Grellingen, Ferrugineus-Oolith 140	123* Neuewelt, Gansinger Dolomit (Keuper) 176	144 Huppergrube Wasserschöpfi, Skizze und Profil 207
100 Pfeffingen, Querprofile 141	124* Münchenstein, Korallenkalk der Flexur 177	145 Tenniker Flue, Situationsskizze 208
101* «Glögglifels», Rauracien-Korallenkalk 141	125 Wartenberg-Graben, Querprofile 180	146 Tenniker Flue/Tafeljura, Querprofil 209
102 Cholholz, Malmkalk-Profil 143	126* Kiesgrube Muttenz, Rheinschotter 181	147* Tenniker Flue, Miocaen-Transgression 210
103 Liesberg, Situationsskizze 146	127* Kiesgrube Muttenz, Geröllarten 181	148 Schönegg, Helicidenmergel 211
104 Tongruben Liesberg, Querprofile 147	128* Tafeljura, Gryphitenkalk 184	149* Schönegg, miocaene Juranagelfluh 211
105 Liesberg, Malm-Dogger-Profil 148	129 Schauenburg-Graben, Querprofil 188	
106* Liesberg, Verhärtungsfläche (Oberer Dogger) 150		
107* Liesberg, Steilwand (Callovien) 150		
108* Liesberg, Schichtfolge (Oxfordien) 151		

Stratigraphische Tabelle – Umgebung von Basel

Ära	Periode	Epoche	Alter	Absolutes Alter in Mio. Jahren
Gruppe	System	Abteilung (Serie)	Stufe	
Känozoikum (Neuzeit)	Quartär	Holocaen (Alluvium)	Postglazial	
				0,01
		Pleistocaen (Diluvium)	Würm	0,1
			Riss	
			Mindel	
			Günz	
				1,5
	Tertiär	Pliocaen*	Oberes/Mittleres Unteres	
				7
		Miocaen*		
				26
		Oligocaen	Chattien Rupélien Sannoisien	
				37
		Eocaen*	Priabonien Lutétien Yprésien	
				53
		Paleocaen*	Landenien Montien	
				65
Mesozoikum (Mittelalter)	Kreide*			
				136
	Jura	Malm (Weisser Jura)	Portlandien* Kimmeridgien* Oxfordien	
				157
		Dogger (Brauner Jura)	Callovien Bathonien Bajocien Aalénien	
				175
		Lias (Schwarzer Jura)	Toarcien – Hettangien	
				190
	Trias	Keuper	Rhétien Norien Carnien	205
		Muschelkalk		
				215
		Buntsandstein	Ladinien Anisien Skythien	
				225
Palaeozoikum (Altertum)	Perm	Rotliegendes Zechstein*	Thuringien Saxonien Autunien	
				280
	Karbon	Oberkarbon Unterkarbon (Kulm)		
				345
	Devon*	Ober-/Unterdevon		
				395
	Silur*	Gothlandium Ordovicium		
				500
	Kambrium*			
				570
Präkambrium* (Urzeit)				

* Diesbezügliche Formationen fehlen (teilweise oder vollständig).